代用燃料在压燃式内燃机中的应用研究

向立明　张子阳　著

中国水利水电出版社
www.waterpub.com.cn
·北京·

内 容 提 要

本书记录了由石油焦粉与柴油混合制备成的油焦浆等几种代用燃料在内燃机中应用的相关基础研究工作的开展过程，旨在为缓解能源供给矛盾提供一条途径。本书主要内容有针对油焦浆直接在柴油机中燃烧所出现的问题开发出油焦浆燃料供给系统、油焦浆发动机空载试验、油焦浆发动机台架试验、油焦浆发动机颗粒排放物特性分析及油焦浆喷射器头部固体颗粒物体积分数分布模拟研究等。

本书可供从事汽车代用燃料研究工作的研究生、学者和工程技术人员参考。

图书在版编目（CIP）数据

代用燃料在压燃式内燃机中的应用研究／向立明，张子阳著. —北京：中国水利水电出版社，2019. 10

ISBN 978-7-5170-8105-0

Ⅰ. ①代… Ⅱ. ①向… ②张… Ⅲ. ①内燃机—燃料—研究 Ⅳ. ①TK407. 9

中国版本图书馆 CIP 数据核字（2019）第 236256 号

书　　名	代用燃料在压燃式内燃机中的应用研究 DAIYONG RANLIAO ZAI YARANSHI NEIRANJI ZHONG DE YINGYONG YANJIU	
作　　者	向立明　张子阳　著	
出版发行	中国水利水电出版社	
	（北京市海淀区玉渊潭南路 1 号 D 座　100038）	
	网址：www. waterpub. com. cn	
	E-mail：sales@ waterpub. com. cn	
	电话：（010）68367658（营销中心）	
经　　售	北京科水图书销售中心（零售）	
	电话：（010）88383994、63202643、68545874	
	全国各地新华书店和相关出版物销售网点	
排　　版	北京智博尚书文化传媒有限公司	
印　　刷	三河市元兴印务有限公司	
规　　格	170mm×240mm　16 开本　14. 25 印张　256 千字	
版　　次	2020 年 1 月第 1 版　2020 年 1 月第 1 次印刷	
印　　数	0001—2000 册	
定　　价	69. 00 元	

凡购买我社图书，如有缺页、倒页、脱页的，本社营销中心负责调换

前　言

随着汽车的普及和保有量的不断增长，汽车给人们的出行带来便利的同时，也使得能源匮乏与环境污染问题日益凸显。近年来，生物柴油以其优良的可再生性及环保性成为人们广泛研究及应用的代用燃料。本书基于以燃料配比来改善地沟油生物柴油碳烟微粒排放特性的思想，通过柴油机台架试验，在不同工况下分别燃烧纯地沟油生物柴油和纯石化柴油，以及基于二者的三种配比燃料，对比分析其碳烟微粒排放特性及微观形貌的异同之处，并对主要有害气体排放浓度与碳烟微粒浓度变化的关系进行研究，从宏观和微观上全面认识碳烟微粒。

本书为了进一步拓宽代用燃料的范围，充分利用石油焦和地沟油生物柴油作为代用燃料应用的优良性能，使用石油焦粉与柴油混合制备成的油焦浆，以及地沟油生物柴油与传统石化柴油不同配比组成的燃料，开展代用燃料在内燃机中应用的相关基础研究工作，旨在为缓解能源供给矛盾提供一条途径。

本书共分 12 章，主要内容如下：

第 1 章回顾了国内外研究者对油煤浆、水煤浆以及油水煤浆的制备和在内燃机的应用中所做的大量的研究工作，并描述了将石油焦粉碎成超细颗粒，与柴油按一定比例混合后再加入一些化学添加剂，制备成用于内燃机中的油焦浆的过程。

第 2 章介绍了研究者将油焦浆直接应用于传统柴油机，通过理论分析和试验分析对传统柴油机直接使用油焦浆作为燃料出现的问题及其原因进行了剖析，旨在为开发适合泵送油焦浆的油焦浆燃料供给系统提供指导。

第 3 章介绍了研究者开发的一套油焦浆燃料供给系统，包括油焦浆喷射器、油焦浆泵和油焦浆喷射器及油焦浆泵的清洁润滑系统，并进行了空载条件下油焦浆发动机燃烧 30%油焦浆的试验过程描述及分析。

第 4 章主要介绍安装油焦浆燃料供给系统的油焦浆发动机燃烧质量百分比浓度为 30%油焦浆的台架试验，并将参数与原机燃烧 0 号柴油所获参数在负荷特性和尾气中各成分体积浓度方面进行了对比。

第 5 章主要分析了油焦浆发动机燃烧油焦浆后的颗粒排放物的特性，并将排放物与制备油焦浆用的原始石油焦粉颗粒和柴油机燃烧 0 号柴油后的颗粒排放物进行了对比。

第 6 章介绍了研究者使用 CAD 绘制的传统喷油器和油焦浆喷射器头部示

意图，然后导入到软件中进行建模及前处理，用软件进行了不同升程和不同石油焦固体颗粒体积分数的模拟计算，分析了石油焦固体颗粒物在传统喷油器和油焦浆喷射器头部中的体积分数分布，并用试验结果进行了验证。

第 7 章对油焦浆在压燃式内燃机中的应用研究进行了总结。

第 8 章对液体代用燃料在压燃式内燃机中的应用研究进行了概述。

第 9 章通过柴油机分别以地沟油生物柴油、石化柴油作为燃料进行试验，先比较两种纯燃料碳烟微粒排放特性及微观形貌的明显异同之处，再分别燃烧不同配比的燃料，细致比较随着燃料掺混比的改变，对碳烟微粒排放特性的影响。

第 10 章主要研究纯地沟油生物柴油、纯石化柴油排放特性的异同之处。

第 11 章主要研究不同工况下，地沟油生物柴油掺混比的变化对配比燃料排放特性的影响。

第 12 章对地沟油生物柴油在压燃式内燃机中的应用研究进行了总结。

本书可供从事汽车代用燃料研究工作的研究生、学者和工程技术人员参考和阅读。本书的出版得到了湖北文理学院"机电汽车"湖北省优势特色学科群开放基金（项目编号：XKQ2019013）的资助，在此表示衷心的感谢！

由于作者的水平有限，且时间仓促，书中难免存在不妥之处，欢迎阅读本书的广大读者提出宝贵意见，联系邮箱：xlm200519@ 126. com。

作 者

2019 年 6 月于湖北文理学院

目　　录

第 1 章

代用燃料在压燃式内燃机中的应用研究概述

1.1 研究背景及意义

能源是经济全球化的基石，如果没有充分措施来保证能源的有效利用，那么不断扩大的城市化、工业化以及日益增长的人口将面临许多严重的问题，这包括生活水平的下降、食物的减少、国内生产总值的降低以及全球贸易的萎缩。目前，石油仍然是全球主要的能源，现代社会的各种活动广泛依靠石油能源，每年所消耗石油的 90% 用于交通运输和发电、发热，剩下的 10% 被用作石油化学产品和化工企业的原材料。但是，石油是有限的资源，随着石油资源的减少，石油价格必然会逐渐升高，这将对整个社会和经济发展带来很大的负面影响[1-2]。表 1.1 是北京 93 号汽油 2009 年以来油价变动情况[3]。由表中的油价变动情况可以看出，北京 93 号汽油除了在 2010 年 6 月 1 日和 2011 年 10 月 9 日油价降低以外，从 2009 年 11 月 10 日以来北京 93 号汽油油价每年都在递增，特别是在 2012 年 3 月 20 日油价突破 8 元/L。油价的上涨会导致与能源相关产品价格的上涨，也会导致运输成本的上升，并影响到社会和经济的方方面面。运输成本的上升也会导致许多通过公路长途运输的商品，如煤炭和农副产品等的价格出现较大幅度的上涨。

表 1.1 北京 93 号汽油 2009 年以来油价变动情况

调整日期	调整后零售价/(元/L)	变动幅度/(元/L)
2012. 3. 20	8. 33	0. 48
2012. 2. 8	7. 85	0. 24
2011. 10. 9	7. 61	−0. 24
2011. 4. 7	7. 85	0. 43
2011. 2. 20	7. 45	0. 28

续表

调整日期	调整后零售价/(元/L)	变动幅度/(元/L)
2010. 12. 22	7. 17	0. 25
2010. 10. 26	6. 92	0. 18
2010. 6. 1	6. 74	−0. 18
2010. 4. 14	6. 92	0. 26
2009. 11. 10	6. 66	0. 38

寻找能替代石油的代用燃料已迫在眉睫,各种替代能源的探索正在受到广泛的关注,如有关生物柴油[4-10]、天然气[11-13]、甲醇[14-15]、乙醇[16-17]、沼气[18]、二甲醚[19-20]、氢气[21-23]和丙烷[24]等作为化石燃料石油的替代能源在内燃机中应用的相关研究深受重视。但是,生物燃料和天然气等替代能源在最近几十年内不可能在交通运输中完全代替石油,只是在市场中占的份额稍微有所提高,在交通运输中占主导地位的能源还是石油。图1.1所示为全球交通运输能源图。图中所显示的是世界上规模最大的石油和天然气公司之一BP公司在2011年对全球交通运输中过去20年所用能源分布的统计,以及对未来20年所用能源分布的预测。由图1.1中数据可以看出,交通运输使用的能源将继续以石油为主,但石油消费需求增长放缓较为明显,这主要是由于石油被生物燃料部分替代。目前,生物燃料占交通运输中能源消费的3%,预计2030年会增加到9%,从而降低石油所占的份额。虽然电动汽车、插电式混合动力汽车以及压缩天然气的使用不断增加,但在2030年之前不会对整个交通运输业产生重大影响。因此,在未来几十年石油仍然是交通运输中的主要能源。

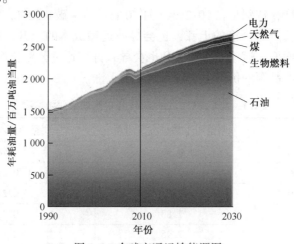

图1.1 全球交通运输能源图

我国是全球石油消费增长最大的国家，据 BP 公司预测，到 2030 年我国石油消费将增长 800 万桶/d，达到 1 750 万桶/d，超过美国成为世界上最大的石油消费国。预计到 2020 年，我国石油消费增长仍将集中在工业和交通运输部门。2020 年以后工业增长将放缓，随着工业扩建中能耗减少以及人口增长放缓，交通运输业将成为主要的消费增长动力。到 2030 年，我国石油消费几乎占全球净增长的一半。但是，截至 2010 年年底，我国的石油探明储量为 148 亿桶，约 20 亿 t，只占全球 2010 年年底已探明石油储量的 1.1%。2010 年，我国的石油产量为 407.1 万桶/d，占 2010 年全球总产量的 5.2%。2010 年，我国的石油消费量为 905.7 万桶/d，占全球总消费量的 10.6%[25,26]。可见，我国自己的石油产量不能满足本国的消费需求，需要大量进口。图 1.2 所示为我国原油进口数量。由图 1.2 中可以看出，从 1994 年到 2011 年，除了 1998 年和 2001 年原油进口数量比前一年略有下降外，其他年份都保持原油进口数量的持续增长，特别是在 2010 年原油进口数量增长更为显著。但是从图 1.2 中可以看出，我国原油净进口增速在 2011 年已经出现大幅回落。根据海关数据显示，2011 年我国累计净进口原油 25 126 万 t，比 2010 年同期增长 6.34%，增速比 2010 年同期增速回落 12.56 个百分点。2011 年我国原油进口增速的下滑可能是由于受国内经济结构调整以及对耗能大户需求抑制的影响，经济增速放缓直接影响了国内石油需求的增长，但是石油进口数量仍然是增加的。

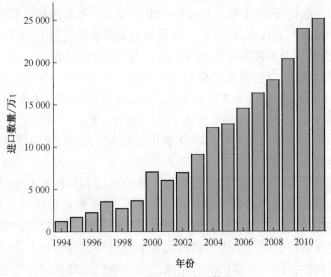

图 1.2　我国原油进口数量

图 1.3 统计了 1993—2011 年的我国原油对外依存度。1993 年，我国首度成为石油净进口国，其原油对外依存度当年仅为 6%，但此后一路攀升，2009

年，对外依存度突破 50% 的警戒线达到了 51%，2011 年对外依存度更是超过了 55%。石油是一个国家的经济命脉，是国民经济发展和人民生活水平提高的重要保障。一个国家不可能在石油供应不足的情况下，维持本国国家实力的稳定上升。我国石油对外依存度的不断上升，严重影响到我国的能源安全，这已经成为我国发展的最大障碍之一。

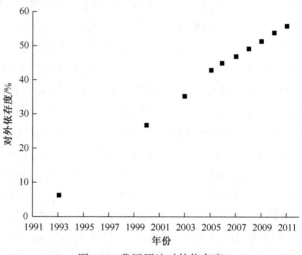

图 1.3　我国原油对外依存度

工业和信息化部 2011 年 8 月初在 "2011 年上半年石油和化学工业经济运行情况" 中披露，2011 年 1—5 月，我国原油表观消费量为 1.91 亿 t，比上年同期增长 8.5%，对外依存度高达 55.2%，首次超越美国（53.5%）。中国社科院 2010 年发布的《世界能源蓝皮书》预测，10 年后，中国原油对外依存度将达到 64.5%；国际能源署更是预言，中国原油需求增速未来若保持不变，石油进口依存度或将升至 80%。在经历了一轮又一轮的 "油荒" "气荒" "电荒" 之后，中国原油对外依存度不断攀升的事实再次叩击着人们的神经，叩问着中国能源和经济发展的深层次问题[27,28]。

为了缓解中国石油供需紧张的局面，降低我国石油的对外依存度，充分发挥石油炼制后的副产品石油焦的潜在价值，将石油焦直接用于锅炉燃烧，或者将石油焦制备成油焦浆用于锅炉燃烧，已经取得了比较好的效果[29-31]。由于石油焦在锅炉中能用作代用燃料代替部分石油，因而本书尝试将石油焦粉碎成石油焦粉，再与一定比例的柴油混合制备成油焦浆，并把它用在压燃式内燃机中燃烧，旨在达到能够部分替代柴油的目的。

石油焦是原油经过蒸馏后所得到的油渣再进一步通过延迟焦化措施得到的固体块状物，其物化特性类似于煤。根据其含硫量、挥发性以及含灰量，石油焦被分成三个等级：1 号、2 号和 3 号石油焦。另外，如果石油焦的含硫量超过 3.0% 则属于高硫石油焦。1 号石油焦在钢铁厂被用作石墨电极，也被用在铝厂用来减少产生氧化铝。2 号石油焦在铝厂电解池中被用作电极糊和工作电极。3 号石油焦被用来生产碳化硅（耐磨材料）、碳化钙和其他碳基产品。高硫石油焦主要被用作燃料。自 2009 年以来，中国炼油厂炼制了较多的进口高硫石油，这直接导致高硫石油焦的产量急剧增加。由于国内高硫石油焦的消费已接近饱和，因此高硫石油焦供给已超过需求，并且这一趋势还在扩大[32]。目前，高硫石油焦主要用作锅炉内的燃料，也有将石油焦汽化制备成合成气（$CO+H_2$）[33]。但是，将石油焦制备成油焦浆在内燃机中用作燃料燃烧几乎没见到有关方面的报道，也没有见到在内燃机中专门用作泵送油焦浆的油焦浆燃料供给系统。但是，将煤粉与油或水制备成油煤浆、水煤浆以及油水煤浆在内燃机中的应用有很多研究报道，并在内燃机中有专门泵送水煤浆的水煤浆燃料供给系统。本书通过借鉴油煤浆、水煤浆以及油水煤浆在内燃机中的应用成果，研究石油焦粉与柴油混合制备成的油焦浆用于压燃式内燃机中的可行性，并在这方面做一些探讨性的工作。

1.2　代用燃料在内燃机上的应用

为了应对能源危机，人们一直在探索能替代传统燃料（汽油和柴油）的代用燃料。一般来说，汽车代用燃料主要包括气体燃料（天然气、液化石油气、氢气）、合成燃料（煤制油、天然气合成油）、醇醚类燃料（甲醇、二甲醚、乙醇）以及生物质产品（生物质汽化、生物柴油）。另外，还有将水煤浆、油煤浆及油水煤浆等固液混合的浆体燃料用于内燃机中作为代用燃料。

天然气辛烷值较高，与汽油相比，燃烧更完全。另外，天然气内燃机可以降低 HC 和 CO 的排放量，并且排气无碳烟，而且排放的 HC 化合物中大部分为甲烷类物质，光化学反应低。但天然气发动机价格昂贵，而且压缩天然气发动机储气瓶重量大，携带也不方便。中国的天然气储量少且分布不均匀，这些都制约着天然气内燃机的发展。液化石油气的主要成分是丙烷和丁烷的混合物。液化石油气内燃机由于价格便宜，NO_x、CO 等气体排放量低，碳烟排放少，并且内燃机工作噪声低等优点得到了广泛应用。氢气作为新的代用燃料引起人们的重视。燃氢发动机具备点火能量低、火焰传播速度快、低温下易启动、排气污染低等优点。它的主要缺点是氢气沸点低，储存困难，还有回火、早燃等问题尚待解决。氢本身存在扩散和脆化等问题。

醇类燃料主要包括甲醇和乙醇，具有辛烷值高、汽化潜热大和热值较低等特点。作为内燃机代用燃料，醇类燃料自身含氧，在内燃机燃烧中可提高氧燃比，并且 CO 和 HC 的排放量比汽油与柴油低，而且几乎无碳烟排放；另外，由于醇类燃料汽化潜热高，可以降低进气温度，提高充气效率，降低燃烧室中的最高燃烧温度，因而内燃机的 NO_x 排放量与汽油和柴油相比也较低。甲醇由于来源渠道广、价格较低，从而得到了普遍关注。但是由于甲醇具有毒性和腐蚀性，目前还没有得到大面积的应用和推广。乙醇可从甘蔗、玉米、薯类等农作物及木质纤维素中利用发酵的方法提取。这些原材料不但储量大，而且大都可以再生，是一种可再生能源。乙醇燃料以掺烧或纯烧方式已成功地用于汽油机上，汽油醇混合燃料在巴西、美国应用了许多年，技术上已十分成熟。乙醇在柴油机上应用要远逊于在汽油机上的应用，其主要原因是柴油与乙醇不能互溶，掺烧困难，此外乙醇燃料十六烷值低，在柴油机上需用柴油引燃或点火塞点燃，要对燃烧系统做较大改动，而且乙醇制取能耗较大、成本较高，约为汽油的两倍。如能在生产技术上有所突破，降低能耗和成本，则乙醇燃料会有非常广泛的应用前景。

天然气合成柴油是最重要的天然气合成石油产品之一。天然气合成柴油可直接用于现有柴油机，它具有很高的十六烷值和极低的硫、芳烃和多环芳烃含量，在不影响燃料效率的同时能够大量减少 NO_x、SO_x、HC、CO 及颗粒物的排放。天然气合成柴油具有独特的产业优势，可以促进闲置天然气资源的合理利用，顺应环保和发展清洁能源的需要，顺应世界汽车发动机柴油化的趋势，采用天然气合成制油生产工艺可以获得更多的可用组分。

生物柴油是一种可再生能源，它是以大豆和油菜籽等可再生植物油加工制取的新型燃料。生物柴油在冷滤点、闪点、含硫量、含氧量、燃烧耗氧量、对水源的危害方面优于普通柴油，而其他指标与普通柴油相当。生物柴油的优良品质引起人们的重视，在欧洲得到广泛的应用，份额已占到成品油市场的5%。我国也在开展生物柴油的生产技术以及在汽车上应用的研究[34-35]。

在过去几十年当中，特别是在 20 世纪七八十年代，由于能源危机，油煤浆、水煤浆以及油水煤浆在内燃机中用作代用燃料来代替石油受到了广泛关注，因为煤的储量相当丰富，而且油煤浆、水煤浆以及油水煤浆能通过管道运输，也便于储存。煤在内燃机上的应用有间接和直接两种方式。间接方式就是将煤通过液化方法转变成液体燃料。这种方法是先将煤粉碎成煤粉与液体混合制成浆状流体，再通过改进的内燃机喷油器喷入发动机气缸燃烧，这种方法的缺点是价格昂贵、技术复杂。相比之下，直接方式在目前的技术条件下具有一定优势[36]。煤在内燃机中的应用特别适合于固定发电厂动力需求、船用推进系统和铁路机车，也可以应用在建筑、施工及矿用机械动力设备中。煤要应用在内燃机中，内燃机的燃油系统和一些零部件都要进行相应的改进，世界上许多国家在这方面做了不少工作。

1949 年，美国北卡罗来纳大学 Hanse 在一台没有经过改进的 Hill 柴油机中进行了油煤浆燃烧试验。油煤浆的质量百分比浓度为 20%，煤粉颗粒粒径为 45～75 μm。燃油喷射系统是普通的机械式 Bosch 系统，喷射压力为 12.4 MPa。结果是喷油器的喷嘴卡滞，发动机运转不稳定。1957 年，美国西南研究院 Tracy 在一台传统机械式燃油喷射系统 Caterpillar 柴油机中进行了油煤浆燃烧试验。油煤浆质量百分比浓度为 30%，煤粉颗粒粒径不超过 20 μm；该柴油机总共运转了 3.5 h，1 000 r/min 时功率从 17.9 kW 下降到 8.9 kW，并且高压油泵柱塞和喷油器针阀卡死，喷油系统故障频发；该柴油机燃烧油煤浆后活塞环和气缸套的磨损比燃烧柴油后活塞环和气缸套的磨损增大了 30 倍。

1980 年，瑞士 Dunlay 等人用一台装有普通 Bosch 燃油喷射系统的低速、单缸柴油机进行了燃烧油煤浆试验，所用油煤浆中煤颗粒粒径平均大小约为 2 μm，最大尺寸不超过 10 μm，试验后该柴油机喷射系统被堵塞卡死。后来设计了一种蓄压器式喷射系统，该系统将油煤浆和不适合浆体燃料的喷射系统中喷油泵元件分离开，从而避免油煤浆中固体颗粒将喷油泵中柱塞偶件间隙堵塞，通过用低压膜片泵将油煤浆输送到喷油嘴前面的蓄压器腔室，由于喷油嘴没做改动，油嘴磨损严重。在喷射时，由高压液力系统驱动的活塞将油煤浆通过喷油嘴泵送进入燃烧室。该发动机运行了 20 h，在 120 r/min 以及 75% 负荷工况下的热效率为 40.4%，比燃烧纯柴油时的 41.2% 稍微有点降低，排放烟度增加。试验结果表明，油煤浆适合在大型低速柴油机中燃烧，但是还要解决喷油嘴和活塞环的磨损问题[37]。

1977 年，美国弗吉尼亚职业学院 Marshall 和 Walters 用颗粒粒径大约为 2 μm 的溶剂精炼煤，制备成质量百分比浓度为 15% 的油煤浆在单缸 Nordberg 柴油机燃烧，用传统的喷油泵泵送柴油产生高压作用在一活塞上，活塞再挤压油煤浆进入传统喷油系统的喷油器中再喷入燃烧室。在 1 800 r/min 时发动机热效率从 21% 降到 17%，并且喷油器频繁卡滞[38]。1980 年，美国西南研究院 Tataiah 和 Wood 用 4 缸 Mercedes 发动机燃烧油煤浆，并且将普通机械式燃油喷射系统喷油器中的针阀偶件间隙加大，以防止颗粒堵塞。使用三种不同质量百分比浓度的油煤浆进行了试验，结果在转速 1 200 r/min 和负荷为 75% 时，使用质量百分比浓度分别为 10%、20% 和 40% 的油煤浆，发动机的热效率随着油煤浆质量百分比浓度的增加依次减少，其热效率分别为 34.2%、34%和 22.6%，但是发动机的排气烟度和温度依次增加；并且发动机转速增加，排气烟度增大；在发动机运转 11 h 后活塞窜漏显著增加[39]。

1981 年，美国弗吉尼亚职业学院 Marshall 等人用一台单缸 Nordberg 柴油机做试验，所用油煤浆的质量百分比浓度分别为 20%、32%和 40%，煤颗粒平均直径为 2~11 μm。试验中使用的喷油器是轴针式喷油器，结果是 20%、32%和 40%这三种油煤浆燃烧后发动机所输出的功率分别是纯柴油燃烧后发动机所输出功率的 88%、70%和 32%，燃烧 40%油煤浆时喷油泵被固体颗粒堵塞，发动机运转很不稳定。在排放方面，燃烧油煤浆发动机的 SO_2 排放浓度比燃烧纯柴油时发动机的 SO_2 排放浓度大 1.5~4 倍，NO_x 排放浓度和排气烟度都比纯柴油的高。另外，活塞环磨损加快，气缸套磨损率为 129 μm/h，曲轴与连杆之间的轴承磨损相当厉害，机油受到严重污染[40]。

1984 年，美国西南研究院 Ryan Ⅲ 和 Dodge 用最大颗粒粒径不超过 5 μm 的煤粉与柴油混合制成质量百分比浓度分别为 10%、20%和 30%的浆体燃料，研究了浆体燃料的流变特性。在不同剪切率下，浆体的表观黏度不一样，有时候随着剪切率的增大而降低，有时候随着剪切率的增大而升高。用高速摄影机和高分辨率的照相机研究了浆体燃料的喷射和雾化。对于四孔孔式喷油器喷嘴，浆体燃料的贯穿距离在同样条件下要比纯柴油的高，这是由于浆体燃料中的液体成分蒸发以后，固体成分仍被保留下来能被看见；环境压力对喷雾锥角的影响要强于温度，在保持温度一定的情况下，环境压力增大喷雾锥角也增加，但贯穿距离减少。对于轴针式喷油器喷嘴，在低环境压力下，随着浆体燃料表观黏度的增加导致贯穿距离加大但喷雾锥角减少。最后用一台单缸四冲程 CLR 发动机进行了浆体燃料的燃烧试验，使用了两种不同气缸盖和喷油器：一种是直喷式气缸盖和四孔孔式喷油器；另一种是带预燃室的气缸盖和轴针式喷油器。带有预燃室的气缸盖加上轴针式喷油器的发动机比直喷式气缸盖加上孔式喷油器的发动机更适合于浆体燃料的燃烧[41]。2008 年，中石油崔龙连研制了超净超细油煤浆，能用作燃料在高速内燃机中燃烧。浆体中煤颗粒的平均直径为 2.71 μm，灰分含量为 1.05%。超净超细水煤浆热值高、稳定性好及黏度低[42]。

有关水煤浆在内燃机上的应用也颇受重视。1981 年，瑞士的 Dunlay 等人曾用 Sulzer 内燃机做了燃烧 34%水煤浆的试验，结果发现水煤浆燃烧后燃烧室温度较低，NO_x 排放减少[43]。美国 Nydick 和瑞士的 Porchet 及 Steiger 在 1987 年用一台单缸、低速、两冲程及额定功率为 1 471 kW（120 r/min）的 Sulzer 柴油机燃烧四种水煤浆，这些水煤浆含煤量将近 50%，煤颗粒的平均粒径大小约为 16 μm，使用改进的蓄能式燃料喷射系统，其中有一种水煤浆的热效率比纯柴油的要稍微大些，其他三种稍微小些。水煤浆燃烧的热效率与煤颗粒粒径大小有关，煤颗粒粒径平均值每增加 1 μm，热效率降低 0.4%，这可能与煤颗粒的燃烧效率及直径较大的煤颗粒增加了活塞环与气缸套的摩擦有关。水煤浆燃烧产生的 NO_x 排放是纯柴油排放的 30%~50%，CO 排放等于或稍低于纯柴油，HC 排放是纯柴油的 25%~60%，排气中只含有煤中的灰分，煤实际上已完全燃烧。在 50%~90% 的负荷下，水煤浆燃料的滞燃期是 2~4 ms，纯柴油为 0.4~1 ms。煤中氧化铝和氧化硅的含量以及煤颗粒的大小会导致活塞环不同程度的磨损，气缸套的磨损主要是由煤颗粒中氧化铝和氧化硅引起的[44]。美国通用电气运输集团 Flynn 和 Hsu 研究了水煤浆对发动机的磨损。由于水煤浆高速通过燃料喷嘴，导致喷嘴磨损比较严重，因而水煤浆燃料喷嘴需要使用十分坚硬的材料。水煤浆燃烧后产生的灰尘颗粒引起活塞环和气缸套以及排气门与其他运动部件的磨损，这些运动部件可以考虑使用陶瓷材料来降低磨损。水煤浆发动机燃烧后的 CO、HC 和 NO_x 排放比传统燃油发动机低，其硫化物和颗粒物的排放也可以通过后处理装置来控制[45]。

1988 年，美国西南研究院 Likos 和 Ryan Ⅲ 在一台单缸试验用发动机上燃烧质量百分比浓度为 50% 的水煤浆，为了使发动机气缸内的温度较高，从而提高水煤浆的燃烧效率，可以通过减少发动机的散热和在进气道安装电热塞加热进气空气。通过辅助的加热方式使水煤浆在气缸内自然，特别是通过预喷柴油的方式显著提高了水煤浆燃烧效率。通过以上措施，在某些工况下，水煤浆发动机的热效率等于传统柴油机的热效率。另外，水煤浆发动机最明显的特点就是使预燃室容积最大化[46]。1989 年，Likos 和 Ryan Ⅲ 对水煤浆燃料的使用进行了研究。水煤浆有很好的流变特性，特别是煤粉经过两次研磨制成的水煤浆在高剪切率下仍保持较低的黏度，这有利于浆体燃料的雾化。通过试验发现，将预燃室温度提高到 700 ℃ 以上，水煤浆在中速柴油机的燃烧效率达到最大，这可以通过加热进气温度和增大压缩比来实现。实际上，发动机磨损是由于燃料中固体颗粒接触润滑油覆盖的表面，进入润滑油膜的颗粒是不能燃烧的，这导致了发动机磨损加剧，因而浆体燃料的完全燃烧能有效防止发动机的磨损[47]。1990 年，美国德雷克塞尔大学 Cho 和美国阿戈纳国家实验室 Choi 用四种不同种类的煤制成四种水煤浆，这些水煤浆的黏度与剪切率有关，有几种水煤浆随着剪切率的增加而黏度变小，然而另外几种在低剪切率时随着剪切率的增加而黏度变小，但是在高剪切率时随着剪切率的增加黏度反而变大，黏度大不利于燃料的喷射和雾化，因而在柴油机使用水煤浆之前应该全面研究水煤浆的流变特性，使水煤浆适合于发动机的工作条件[48]。

1991 年，美国得克萨斯 A&M 大学 Caton 等人使用改进的燃料喷射系统做水煤浆喷射试验。该系统包括一台由电动机驱动的高压柴油泵、一个将水煤浆和柴油泵分开的膜片泵以及单孔喷嘴。水煤浆被喷进装有玻璃窗的高压容器里，用高速摄影机来观察水煤浆的贯穿距离以及雾化情况，还测量了瞬间高压油管压力和喷嘴针阀升程随时间的变化[49]。A&M 大学的 Prithiviraj 和 Andrews 于 1994 年在柴油喷射雾化模型的基础上，考虑到水煤浆的黏度大以及非牛顿流体特性，建立了水煤浆的雾化模型，用模型计算了水煤浆的喷射雾化锥角、雾化后液滴直径大小以及液滴和周围气流的速度等参数，并与试验结果对比，发现数据比较吻合[50]。

1993 年，美国得克萨斯 A&M 大学 Caton 等人用蓄压式喷射系统研究了水煤浆的喷雾特性。系统中有一个两腔室的膜片泵，传统柴油泵泵送的柴油进入膜片泵中的一个腔室，受压的膜片再压另一腔室里的水煤浆，水煤浆受压便被压入蓄压式喷射器内的燃料腔，接着水煤浆再被喷入模拟发动机燃烧室环境的压力容器。喷射器上装有电控快速电磁阀用来控制喷射器内针阀的开启和关闭，同时还能控制水煤浆的喷射量。试验用的蓄压式喷射器的喷孔直径大小为 0.2~0.6 mm，水煤浆的含煤量为 0~55%。试验后发现在喷孔直径为 0.4 mm、喷射压力为 82 MPa 以及压力容器内空气密度为 25 kg/m³ 下，50% 水煤浆液滴破碎所需时间为 0.30 ms，且所需时间随着喷孔尺寸的加大、喷射压力及环境密度的减少而增加。水煤浆喷射贯穿距离以及喷嘴出口速度比同条件下的柴油大 15%，还发现了如果喷射压力低于 23 MPa 或者水煤浆含煤量高于 53%，则不能喷射[51]。1988—1994 年，在美国能源部的支持下，Cooper-Bessemer 和 Arthur D. Little 两个公司研发了能燃烧水煤浆的大缸径中速柴油机，最后应用在 10~100 MW 规模的发电厂，设计的样机累计工作了 1 000 h，且有一套完整的排放控制系统，还研制了耐磨喷嘴以及在内燃机中应用的低成本洁净水煤浆[52]。

美国 Hsu、Najewicz 和 Cook 在 1988—1993 年研发了燃烧水煤浆的机车。该机车使用蓄压式燃料喷射系统，能够使水煤浆燃料在全负荷时达到 98% 以上的燃烧效率。该系统中蓄压式喷射器能提供 80 MPa 以上的喷射压力，用活塞式泵代替原来膜片泵提高了泵送效率和系统的稳定性。另外还有一套电控共轨式燃油预喷系统，使机车用柴油启动，也可在部分或全负荷时提供少量柴油。对水煤浆燃烧进行了优化，使燃烧效率在全负荷时达到了 99.5%。在排放方面，采用了过滤器和尿素还原等后处理技术，使排放中颗粒物、SO_2 和 NO_x 除去效率分别达到 99%、90% 和 85%。该燃烧水煤浆的机车累计运行了将近 500 h[53]。2003 年，印度 Tiwari 等开发了两种阴离子添加剂用于水煤浆的制备，使得水煤浆的煤含量达到 65% ~ 70%，并且其黏度小于 1 000 mPa·s，在水煤浆用于内燃机可接受的黏度范围内[54]。2008 年，浙江大学程军等研制了应用于内燃机的精细水煤浆，其中固体颗粒的粒径为 1~10 μm，灰分含量为 1%~2%，固体颗粒的质量百分比为 50%。研究了精细水煤浆的孔隙分形结构对其流变特性和燃烧特性的影响[55]。

1996 年，傅小安等进行了精细油水煤浆的研究。精细油水煤浆是由轻油、精细煤粉以及水等组成的，并添加适量的分散剂和乳化剂。精细油水煤浆相对于油煤浆和水煤浆来说有燃点低、燃烧效率高以及黏度低便于雾化等优点[56]。2003 年，中国矿业大学柴保明等研究了燃烧精细油水煤浆的小型高速柴油机。对精细油水煤浆的流变、雾化、稳定性及燃烧特性进行了研究，并研制出精细油水煤浆发动机的高压润滑供浆系统，初步解决了原系统泵送煤浆时出现的卡死和堵塞问题[57]。2005 年，中国矿业大学付晓恒等继续研究了精细油水煤浆的制备及其在柴油机上燃用的试验，采用生命周期评价方法对精细油水煤浆的生产及其燃用进行了评价。随着精细油水煤浆中柴油含量的减少，除臭氧光化形成潜能降低以外，其他污染指标值增加，说明精细油水煤浆系统比柴油系统对全球环境冲击更为厉害，但在局部地区与燃油相比，燃用精细油水煤浆可以减少 NO_x 的排放量，与燃煤相比，可以减少 SO_2 的排放量[58]。

2007 年，辽宁工程技术大学张强等在一台装有水煤浆供给系统的 S195 柴油机上燃烧柴油和水煤浆混合燃料，并对其性能和排放进行了比较。使用混合燃料后，柴油机热效率下降，燃料消耗率有所增加，NO_x 排放明显下降，CO 和 HC 排放有所上升[59]。2008 年还研究了供油提前角对柴油和水煤浆混合燃料燃烧排放性能的影响[60]。

另外，Kishan 等对于水煤浆在内燃机中的燃烧特性进行了数值模拟[61]，Rosegay 等对于煤颗粒在内燃机中的燃烧过程和特性进行了循环模拟[62]。在 20 世纪八九十年代，美国能源部也进行了大量的水煤浆代替石油在内燃机中应用的研究，并有许多研究报告[63-71]。

由于水煤浆是固液混合的浆体燃料，其中的固体颗粒会堵塞传统内燃机的燃料供给系统。那么燃烧水煤浆发动机的水煤浆燃料供给系统如何克服水煤浆中固体颗粒的堵塞？下面简要介绍一下几种水煤浆燃料供给系统的组成和工作原理，为本书开发油焦浆燃料供给系统提供一定的指导。

图 1.4 所示为膜片泵水煤浆燃料供给系统示意图。膜片泵被膜片分隔成左右两个腔室，左边腔室与高压柱塞泵相连，右边腔室与低压水煤浆入口和水煤浆喷射器相连。当高压柱塞泵柱塞向下运动时，柱塞腔容积增大，膜片

泵左腔室和右腔室压力都降低，低压柴油充满膜片泵左腔室，同时低压水煤浆通过单向阀充满膜片泵右腔室。当柱塞向上运动将喷油泵进油口封闭后，膜片泵左腔室柴油受到柱塞挤压压力升高，压力升高后的柴油通过膜片挤压水煤浆。当水煤浆压力升高到一定值时，水煤浆喷射器中的针阀向上运动，高压水煤浆喷入燃烧室。通过膜片泵将水煤浆与高压柱塞泵分离，有效防止了水煤浆中的固体颗粒进入高压柱塞泵的柱塞偶件间隙，从而避免了柱塞泵的卡滞[45]。但是，水煤浆喷射器仍然会受到磨损和卡滞。

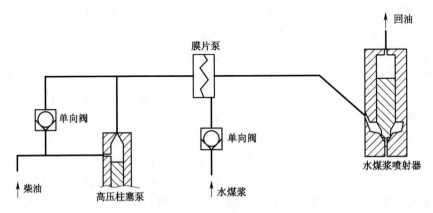

图1.4 膜片泵水煤浆燃料供给系统示意图

图1.5所示为改进型膜片泵水煤浆燃料供给系统示意图。膜片泵的工作原理与图1.4中膜片泵的工作原理一样，只是在膜片泵的左边和水煤浆喷射器的左边各增加了一个压力传感器，用来检测高压柴油和高压水煤浆的压力波动。螺杆泵将水煤浆以较低压力从水煤浆燃料箱输送到膜片泵右腔室，压力调节阀用来控制水煤浆的压力保持在一定范围内。水煤浆喷射器是蓄能式燃料喷射器，其中装有针阀升程传感器和伺服阀，并与高压柴油管道连接。伺服阀根据各传感器接收的信号，打开高压柴油通道，高压柴油流入水煤浆针阀体内并将针阀顶开，高压水煤浆便通过喷孔喷入燃烧室。这样水煤浆没有直接与高压柱塞泵的柱塞偶件和水煤浆喷射器的针阀偶件接触，防止了固体颗粒进入偶件间隙，从而避免高压柱塞泵和水煤浆喷射器被固体颗粒卡滞与堵塞[45]。

图1.6所示为燃料分层供给水煤浆喷射系统示意图，该图只是描绘了多缸发动机中对应于一个气缸的燃料分层供给水煤浆喷射系统原理，其他几个气缸的燃料分层供给水煤浆喷射系统原理与之相同。图1.7所示为燃料分层供给水煤浆喷射器示意图，该图是图1.6中燃料分层供给水煤浆喷射器的放大图，其中弹簧腔室内的柴油回油通道图中未画出。下面结合这两张图来简

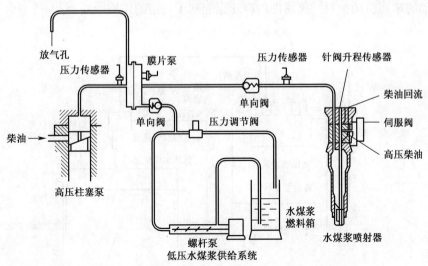

图 1.5　改进型膜片泵水煤浆燃料供给系统示意图

要阐述一下该系统的工作原理。

在上一次水煤浆喷入燃烧室结束时，从低压水煤浆管路来的低压水煤浆充满喷射器中低压水煤浆通道和连接口；喷射器的其他通道、油槽以及压力室充满了柴油（图 1.7）。同时柴油电磁阀打开，高压柴油管路中的柴油通过回油管路流回柴油油箱，当高压柴油管路产生空隙时，柴油单向阀打开，柴油便从低压柴油管路流进高压柴油管路弥补空隙（图 1.6）。在高压柴油管路与柴油油箱相通，且高压柴油管路被柴油重新充满时，水煤浆电磁阀打开，由于通过设定低压水煤浆管路的压力要高于低压柴油管路压力，因而柴油单向阀关闭，水煤浆流进喷射器低压水煤浆通道。由于高压柴油管路与柴油油箱相通，水煤浆继续挤压柴油直到水煤浆到达针阀左侧的燃料通道，这时柴油电磁阀关闭，根据设计即使发动机达到最大负荷，水煤浆也不能到达油槽。当柴油电磁阀关闭时，高压柴油泵开始工作，泵送高压柴油到高压柴油管路，喷射器中的高压柴油通道、油槽、燃料通道、连接通道、连接口以及压力室的油压升高。当压力室的油压升高到一定值时，针阀开启，燃料喷入燃烧室。首先是从连接口到压力室预留的柴油进行预喷，然后是连接口与油槽之间的水煤浆的喷射。当水煤浆喷射完后，高压柴油又充满压力室并再一次有少量柴油喷射到燃烧室。这样，就完成了水煤浆的一次喷射循环。在水煤浆喷射期间，由于燃料通道、连接通道以及连接口的流阻损失，油槽中的柴油压力要高于压力室中的水煤浆压力，有少部分柴油泄漏到压力室，从而防止水煤浆渗透进针阀偶件，避免针阀偶件的磨损、腐蚀和卡滞。另外，由于油槽中柴油的来回流动，对针阀偶件的冷却也起到了一定的作用[72]。

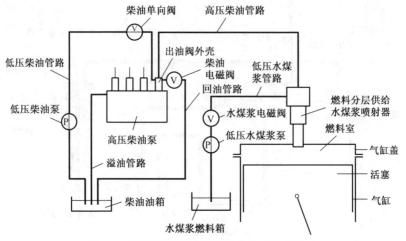

图 1.6 燃料分层供给水煤浆喷射系统示意图

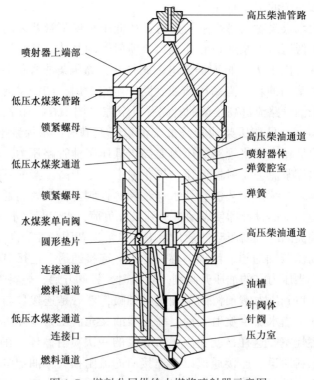

图 1.7 燃料分层供给水煤浆喷射器示意图

图 1.8 所示为精细油水煤浆喷浆系统示意图。喷浆泵的滚轮在发动机凸

轮的推动下顶着泵油室下的柱塞向上运动，柱塞挤压泵油室内的柴油导致油压升高，高压油继续推动泵浆室下的柱塞，柱塞再挤压泵浆室内的水煤浆，水煤浆压力升高。喷浆泵经过设定，泵油室的油压高于泵浆室的水煤浆压力，因而泵油室的高压柴油可以渗透进入柱塞偶件间隙到达泵浆室，从而阻止水煤浆进入柱塞偶件间隙，防止固体颗粒对柱塞偶件的磨损和卡滞。高压柴油从喷浆泵的高压油出口泵出，经喷浆器的高压油入口进入到高压油腔；高压水煤浆从喷浆泵的泵浆室泵出，由喷浆器的高压煤浆入口进入到高压煤浆腔。由于喷浆器中高压油腔的柴油压力高于高压煤浆腔中的水煤浆压力，高压柴油渗透进针阀偶件间隙到达高压煤浆腔，从而阻止水煤浆进入针阀偶件间隙，防止固体颗粒对针阀偶件的磨损和卡滞[57]。

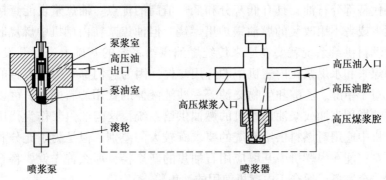

图 1.8　精细油水煤浆喷浆系统示意图

下面简单介绍一下具体应用水煤浆燃料供给系统的例子。图 1.9 所示为一台水煤浆发动机机车示意图。水煤浆发动机机车是在 GE609 柴油机机车上进行改进的，机车上载有 C39-8 微处理器，配备六根车轴，装有电动鼓风机、散热器风扇和空气压缩机。12 缸水煤浆发动机安装在机车上。水煤浆发动机机车后部挂有一辆燃料车。燃料车是用铁路平板货车改装而成的，其上装有水煤浆燃料箱、泵、阀、控制器和水煤浆燃料供给系统等。水煤浆和冲洗用水从燃料车供给机车。单独采用一辆燃料车便于研究水煤浆的混合、长期储存、寒冷条件下的使用以及各种浓度水煤浆的使用情况。水煤浆发动机机车测试包括平稳性试验和在试验轨道上运行。在平稳性测试中，机车以自负荷模式运行。进行系统调试后，机车的自负荷模式运行获得了成功。水煤浆发动机开始用柴油启动，接着过渡到使用水煤浆燃烧，最后在停机前用干净水冲洗水煤浆喷射器。水煤浆发动机机车成功地在轨道上进行了 4 英里长的运行试验，用两台运行在动力制动模式的柴油机机车挂在水煤浆发动机机车后作为牵引负荷[53]。

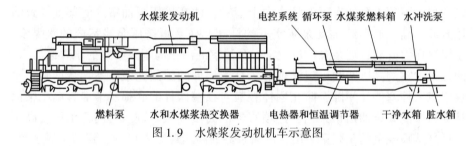

图 1.9 水煤浆发动机机车示意图

虽然油煤浆和水煤浆等在过去几十年中受到了很大的关注，也被用来作为石油燃料的代用燃料，但是水煤浆的低热值较低，油煤浆的黏度较高，这些都降低了用油煤浆和水煤浆代替石油以达到省油的目的。油焦浆被当作代用燃料代替部分石油，具有低灰分和低热值高的优点。油焦浆也能直接用在改装很少或者不用改装的燃油锅炉里燃烧。但油焦浆在内燃机中燃烧时，发动机的燃料供给系统就要在原来传统燃油供给系统的基础上进行开发设计，这与油煤浆和水煤浆在内燃机中的应用一样，因为它们都是固液混合的浆体燃料。对于甲醇、乙醇和生物柴油等一些纯液体的代用燃料来说，可以直接利用传统燃用汽油或柴油内燃机的燃油供给系统，这与油焦浆作为代用燃料在内燃机中应用对燃料供给系统的要求有较大的差别。但是为了充分利用石油焦，希望能在内燃机中开辟应用石油焦的新途径，那么首先就要将石油焦与柴油混合制备成适合于内燃机使用的油焦浆。

1.3 油焦浆的制备及其特性

由于油焦浆是固液混合物，因此其中的固体和液体的界面特性与其他许多因素在很大程度上影响油焦浆的特性。与其他固液悬浮物和浆体一样，油焦浆的特性受其中固相和液相物理与化学特性的影响比较大，油焦浆中固液相的物化特性包括石油焦颗粒的粒径分布、石油焦固体含量、石油焦颗粒表面电荷以及油焦浆中的酸碱度等。在这些影响因素中，石油焦颗粒的含量和大小对油焦浆特性的影响最大。在静置状态和运输过程中，优质的浆体应该是相对稳定的且表现出较好的流变特性。在油焦浆的制备中，最关键的问题就是在保证油焦浆合适黏度的情况下，同时尽可能要求油焦浆中石油焦的含量最大以及油焦浆有较好的稳定性。为了解决这个问题，有必要在油焦浆中添加合适的化学添加剂[73]。

石油焦是石油炼制的副产品，目前主要用在锅炉里作为燃料燃烧、用作电极材料、用作生产 H_2 和合成气的原料、用作生产冶金焦的添加剂以及用作天然气吸附剂的制备，等等[74-87]。为了便于泵送和储运，也将石油焦粉碎成粒度为几十微米的颗粒与渣油或重油混合制备成油焦浆在燃油锅炉里燃烧，并且不需要对燃油锅炉进行较大的改造[88-94]。本书是将油焦浆应用于压燃式内燃机，要求石油焦粉固体颗粒更细，油焦浆的黏度更低。本书中所用的油焦浆由北京航空航天大学粉体技术北京市重点实验室的蔡楚江博士负责制备。为了方便读者对油焦浆的了解，下面将对油焦浆的制备及特性做简要介绍。

本书所用的石油焦由广州迪森热能技术股份有限公司提供，其成分和低热值结果见表 1.2。由表 1.2 可知，石油焦的主要成分是固定碳，有少部分挥发分，再加上极少量的水分和灰分，石油焦的低热值为 35.13 MJ/kg。

表 1.2　石油焦工业成分及其低热值

工业成分/wt. %				低热值/（MJ/kg）
水分	灰分	挥发分	固定碳	
0.43	0.35	9.03	90.19	35.13

控制好石油焦粉的粒度分布以及石油焦粉的含量，能有效降低油焦浆的黏度和提高其稳定性[73]。因而，在制备油焦浆前必须将石油焦进行粉碎。首先，采用 CF 机械冲击式粉碎机对石油焦进行机械粉碎，获得粒度为 10～30 μm 的石油焦粉。接着，再利用 JFC-5 型气流粉碎机（北京航空航天大学粉体技术北京市重点实验室研制）[图 1.10（a）]，将机械粉碎得到的石油焦粉进一步粉碎可得到三种平均粒径分别为 9.6 μm、3.6 μm 和 2 μm 的石油焦粉。最后用搅拌磨设备 [图 1.10（b）] 进行超细粉碎，可得到平均粒径约为 0.9 μm 的石油焦粉颗粒。

机械冲击粉碎机是指利用围绕水平或垂直轴高速旋转转子上的冲击元件（棒、叶片、锤头等）对物料施以激烈的冲击，并使其和定子间以及物料与物料之间产生高频的强力冲击、剪切等作用而粉碎的设备。其原理是借助于转子上的冲击元件，给物料施以 60～125 m/s 甚至更高的速度，冲击物料颗粒群并将其粉碎。这种粉碎机的粉碎机理除了主要的冲击作用之外，还有摩擦、剪切、气流颤振等多种粉碎机制。处于定子与转子间隙处的物料被剪切和反弹到粉碎室内与后续的高速颗粒相撞，使粉碎过程反复进行；同时，定子衬圈和转子端部的打击元件之间形成强有力的高速湍流场，产生的强大压力变化可使物料受到交变应力作用而粉碎和分散。粉碎成品的颗粒细度和形态取决于转子的冲击速度、定子和转子之间的间隙以及被粉碎物料的性质[95]。

JFC-5 型气流粉碎机是北京航空航天大学粉体技术北京市重点实验室根

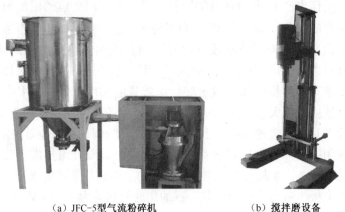

(a) JFC-5型气流粉碎机　　　　　　　(b) 搅拌磨设备

图 1.10　颗粒粉碎设备图

据气体动力学原理和多相流理论设计与研制的超细粉体生产设备，可高纯度地加工各种物料的超细粉。其工作原理为将干燥无油的压缩空气加速成超声速气流，该气流携带物料作高速运动，使物料相互碰撞、摩擦，直至粉碎。达到粒度要求的物料通过分级器由收集器收集，未达到粒度要求的物料由分级器返回到粉碎室继续粉碎。整个过程为全封闭连续运行，无粉尘污染，噪声小。对于易氧化物料，可用惰性气体进行粉碎与分级。其特点为：①粒度细，平均粒径可以达到 0.5 μm，能获得小于 3 μm 含量达 97%~100%的微粉。②气流与物料分路进入粉碎室，物料互撞实现粉碎，故喷嘴和粉碎室磨损小，成品纯度高。可粉碎莫氏硬度为 1~10 的物料。③特殊的流场控制使粉碎效率更高、产量更大。④产品粒度连续可调，设备操作简单，长期连续运行稳定可靠。

　　搅拌磨是超细粉碎机中最有发展前途而且能量利用率最高的一种超细粉碎设备。搅拌磨的输入功率直接高速推动研磨介质来达到磨细物料的目的。搅拌磨内置搅拌器，搅拌器的高速回转使研磨介质和物料在整个筒体内不规则地翻滚，产生不规则运动，使研磨介质之间产生相互碰撞和研磨的双重作用，致使物料磨得很细并得到均匀分散的良好效果。搅拌磨主要是由一个静置的内置小直径研磨介质的研磨筒和一个旋转搅拌器（搅拌装置）构成。其工作原理为：由电动机通过变速装置带动磨筒内的搅拌器回转，搅拌器回转时其叶片端部的线速度在 3~5 m/s，高速搅拌时还要大 4~5 倍。在搅拌器的搅动下，研磨介质与物料作多维循环运动和自转运动，从而在磨筒内不断地上下、左右相互置换位置而产生激烈的运动，由研磨介质重力以及螺旋回转产生的挤压力对物料进行摩擦、冲击、剪切作用而粉碎。由于它综合了动量和冲量的作用，因此，能有效地进行超细粉磨，细度达到亚微米级。而且，它的能耗绝大部分直接用于搅动磨介，因此能耗比球磨机、振动磨机低。从其工作原理可以看到，搅拌磨不仅有研磨作用，而且还具有搅拌和分散作用，所以它是一种兼具多元性功能的粉磨设备[95]。

图 1.11 所示为石油焦粉颗粒扫描电镜照片，石油焦粉颗粒的平均粒度分别为 9.6 μm、3.6 μm、2 μm 和 0.9 μm，其中 9.6 μm、3.6 μm 和 2 μm 的石油焦粉颗粒是由 JFC - 5 型气流粉碎机粉碎后通过分级器由收集器收集，0.9 μm 的石油焦粉颗粒是气流粉碎后的颗粒再用搅拌磨通过超细粉碎而得到。由图可以看出，石油焦粉颗粒与颗粒之间是比较松散地堆积在一起，颗粒与颗粒之间存在着间隙。

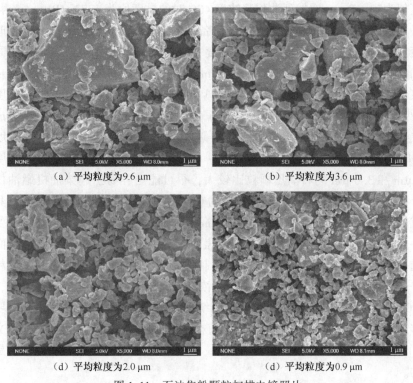

（a）平均粒度为9.6 μm　　　（b）平均粒度为3.6 μm

（d）平均粒度为2.0 μm　　　（d）平均粒度为0.9 μm

图 1.11　石油焦粉颗粒扫描电镜照片

为了尽可能多地利用石油焦，油焦浆浓度（石油焦粉在油焦浆中的质量百分比浓度）越高越好，可油焦浆浓度过高会导致黏度过大，对油焦浆的泵送和雾化不利，因而必须选取合适的油焦浆浓度。为此，将制得的平均粒径为 9.6 μm、3.6 μm、2 μm 和 0.9 μm 的石油焦粉配制成不同浓度的油焦浆，采用 NDJ-1 转子式黏度计检测油焦浆黏度随浓度的变化情况，其中测黏度时的环境温度是在室温下进行的，转子黏度计的转速为 30 r/min。图 1.12 所示为由四种平均粒度不同的石油焦颗粒制备成的油焦浆黏度随其浓度变化。随着制备油焦浆用的石油焦颗粒平均粒度的减少，油焦浆黏度却增加，这与文献［96］中的结论是一致的。随着油焦浆浓度的增加其黏度也增大。油焦浆浓度从10%到20%，四种平均粒度不同的石油焦颗粒制备成的油焦浆黏度增加幅度比较平缓，最大黏度值为76 mPa·s，如果油焦浆浓度较低，则不能很好地起到代油的作用。首先，油焦浆浓度从20%以后，由平均粒度为0.9 μm的石油焦颗粒制备成的油焦浆黏度增加幅度最大，从油焦浆浓度20%时的黏度值为76 mPa·增加到油焦浆浓度40%时的黏度值为2 700 mPa·s；其次，由平均粒度为2.0 μm的石油焦颗粒制备成的油焦浆，从油焦浆浓度20%时的黏度值为50 mPa·增加到油焦浆浓度40%时的黏度值为1372 mPa·s；再次，由平均粒度为3.6 μm的石油焦颗粒制备成的油焦浆，从油焦浆浓度20%时黏度值为21.8 mPa·s增加到油焦浆浓度40%时的黏度值为482 mPa·s；黏度增加幅度最小的是由平均粒度为9.6 μm的石油焦颗粒制备成的油焦浆，从油焦浆浓度20%时的黏度值为15.2 mPa·s增加到油焦浆浓度40%时的黏度值为289 mPa·s。虽然由平均粒度为9.6 μm和3.6 μm的石油焦颗粒制备成的油焦浆随着浓度的增加其黏度值增加幅度都比较平缓，且在油焦浆浓度为40%时两者的黏度值都低于500 mPa·s，但由图1.11可以看出平均粒度为9.6 μm和3.6 μm的石油焦颗粒比较大，很可能更容易引起柴油机燃油供给系统精密偶件的堵塞。虽然平均粒度为0.9 μm的石油焦颗粒很小，但由其制备成的油焦浆黏度却较大，而且0.9 μm的石油焦颗粒生产成本较高，需要由JFC-5型气流粉碎机粉碎得到的石油焦颗粒进一步通过搅拌磨研磨。因而最终选择平均粒度为2 μm的石油焦颗粒制备内燃机用油焦浆。考虑到平均粒度为2 μm的石油焦颗粒制备成的油焦浆浓度在35%时其黏度为580 mPa·s，低于1 000 mPa·s，在内燃机燃油供给系统可以接受的范围内，又考虑到需要尽量多地利用石油焦，因而油焦浆浓度值在30%~35%的范围内选择，这与文献［73］中所述油焦浆中石油焦颗粒的最佳质量百分比含量为30%~35%是一致的。

化学添加剂对于油焦浆的黏度和稳定性有重要的影响，也是直接关系到油焦浆产品质量好坏的关键之一。为降低油焦浆的黏度，改善其流动性，在其制备过程中需加入一定量的化学添加剂，以保证油焦浆具有低黏度、高浓度、良好的流动性和稳定性，使油焦浆在输油管路中更好地流动和通过喷嘴能够更好地雾化，以及油焦浆能长时间存放而不发生沉淀。

通过添加四种具有降黏效果的表面活性剂来降低浓度为35%、由平均粒度为2 μm石油焦颗粒制备成的油焦浆的黏度。在不同表面活性剂用量条件

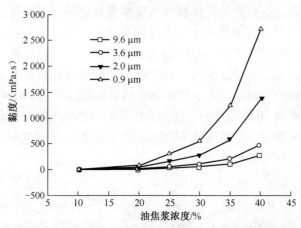

图 1.12　由四种平均粒度不同的石油焦颗粒制备成的油焦浆黏度随其浓度变化

下，油焦浆黏度随表面活性剂浓度的变化曲线如图 1.13 所示。从图中可以看到，随着表面活性剂 NDZ-102 用量的增加，油焦浆的黏度是先急剧降低，当用量超过 0.6%后，油焦浆黏度又缓慢增加，但油焦浆黏度仍然低于不加表面活性剂时的油焦浆黏度。随着表面活性剂 NDZ-401、A-151、NDZ-105 用量的增加，油焦浆的黏度一直降低，然后趋于平缓。但表面活性剂不同，其降低的幅度不同，其中表面活性剂 NDZ-105 降低的幅度最大，其用量为 3.0%时，油焦浆黏度由 580 mPa·s 降低到 270 mPa·s 左右，黏度降低为原来黏度的 50%以下，说明表面活性剂 NDZ-105 对油焦浆黏度的降黏效果最佳。因此，在制备内燃机用油焦浆时，降黏剂可以选择表面活性剂 NDZ-105，受成本因素的影响，其用量可以在 1%~2%的范围内选择。

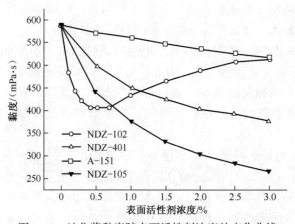

图 1.13　油焦浆黏度随表面活性剂浓度的变化曲线

由于油焦浆是石油焦粉固体颗粒与柴油混合制备成的浆体，因而稳定性对于其在内燃机中的应用具有十分重要的意义。如果稳定性不好，油焦浆将会分层而影响其应用效果，同时影响油焦浆的储存时间，因此需要对油焦浆的稳定性进行研究。通过添加两种具有稳定效果的表面活性剂来改善油焦浆的稳定性。不同稳定剂条件下油焦浆黏度随稳定剂浓度的变化曲线如图 1.14 所示。随着增稠剂 10 添加量的增加，油焦浆的黏度是先减小而后又增加，但对油焦浆黏度的影响不是很明显。而司盘 80 的添加，在改变油焦浆稳定性的同时还降低了油焦浆的黏度。

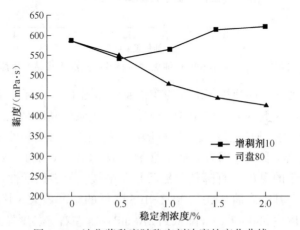

图 1.14　油焦浆黏度随稳定剂浓度的变化曲线

经过试验对比，观察到未添加稳定剂的油焦浆在静置 1 h 后就有柴油在油焦浆表面析出，1 d 后有较多的柴油析出，30 d 后与 1 d 后的情况基本一致。30 d 后石油焦微粒在浆体底部结块，形成硬团聚，玻璃棒搅拌很难打散沉淀的石油焦硬团聚体，使其再次分散在柴油中得到油焦浆。

添加了 1% 用量的增稠剂 10 后，油焦浆在静置 1 d 后有柴油在油焦浆表面析出，7 d 后只有少量柴油析出，30 d 后与 7 d 后的情况基本一致。经玻璃棒搅拌，油焦浆上部和底部基本一致，石油焦微粒形成软团聚，并在油焦浆中均匀分散，简单搅拌后可以使软团聚的石油焦微粒再次分散在柴油中得到油焦浆。

添加了 1% 用量的司盘 80 后，油焦浆在静置 1 d 后有柴油在油焦浆表面析出，7 d 后只有少量柴油析出，30 d 后与 7 d 后的情况基本一致。经玻璃棒搅拌，油焦浆上部为石油焦颗粒软团聚体，底部有部分为石油焦硬团聚体，经搅拌后可以使软团聚的颗粒再次分散在柴油中得到油焦浆，底部少量石油焦硬团聚体需要长时间的搅拌才能再次分散在柴油中。

由于添加司盘80后石油焦硬团聚体需要长时间的搅拌才能再次分散在柴油中，而添加增稠剂10后简单搅拌就可以使软团聚的石油焦微粒再次分散在柴油中得到油焦浆，所以考虑稳定性，优先选择增稠剂10，受成本因素的影响，其用量可以在1%~2%的范围内选择。

最后制备的内燃机用油焦浆所使用的石油焦微粒的平均粒径约为 2 μm，石油焦微粒质量百分比浓度为30%，降黏剂为NDZ-105，其用量约为1%，稳定剂为增稠剂10，其用量约为1%。所制备的内燃机用油焦浆如图1.15所示。从图中可以看出，油焦浆为黑色的浆状流体。相对于柴油而言，油焦浆的黏度较大，流动性较差。

图1.15 内燃机用油焦浆

1.4 本书的主要内容

在过去几十年当中，国内外研究者对油煤浆、水煤浆以及油水煤浆的制备和在内燃机中的应用做了大量的研究工作，并开发了适合于煤浆燃料在内燃机中泵送的煤浆燃料供给系统，其中水煤浆燃料供给系统最具代表性，并成功地应用于水煤浆发动机机车上，这些对于油焦浆在内燃机中的应用具有一定的参考价值。将石油焦粉碎成超细颗粒，与柴油按一定比例混合再加入一些化学添加剂制备成用于内燃机中的油焦浆。但是，要将制备好的油焦浆应用于内燃机，必须开发一套专门泵送油焦浆的油焦浆燃料供给系统，并对内燃机燃烧油焦浆的性能进行分析，因而本书的主要工作内容如下：

（1）将制备好的油焦浆直接应用在传统柴油机中，通过试验研究油焦浆直接应用在传统柴油机所出现的故障，并分析油焦浆在传统柴油机中应用的可行性。特别要研究分析传统柴油机直接燃烧油焦浆其燃油供给系统所出现的故障及原因，并为下一步开发油焦浆燃料供给系统提供理论指导。

（2）对传统内燃机直接燃用油焦浆后喷油泵和喷油器出现故障的部位进行分析研究，开发出油焦浆泵和油焦浆喷射器，以及一套润滑油焦浆泵和油焦浆喷射器的清洁润滑系统，最后组装成油焦浆燃料供给系统安装在压燃式内燃机上，将传统燃用柴油的内燃机改装为燃用油焦浆的油焦浆发动机。

（3）通过油焦浆发动机燃用油焦浆时在空载条件下的试验，检测油焦浆燃料供给系统的性能，为下一步台架试验做准备。通过台架试验，研究油焦浆发动机燃用油焦浆的负荷特性，并与传统柴油机燃用柴油时的负荷特性进行比较，分析油焦浆发动机燃烧油焦浆后的排气成分，并与传统柴油机燃烧柴油的排气成分进行比较。

（4）研究油焦浆发动机燃烧油焦浆后的颗粒排放物特性，如颗粒物组成成分分析、微观形貌分析以及热重分析，并与制备油焦浆用的石油焦粉和传统柴油机燃烧柴油后的颗粒排放物进行比较。

（5）使用 FLUENT 软件模拟油焦浆固液两相流在油焦浆喷射器喷嘴头部中的石油焦固体颗粒物的体积分数分布，并与传统喷油器喷射油焦浆时喷嘴头部中的石油焦固体颗粒物的体积分数分布进行对比，分析颗粒物易堆积的部位，以便对油焦浆喷射器进行进一步的改进。

第 2 章

油焦浆直接用于传统柴油机的主要问题分析

油焦浆中含有大量粒径较小的石油焦颗粒，且油焦浆在室温下黏度远大于柴油在室温下的黏度，这非常不利于油焦浆在传统内燃机中的泵送。从第 1 章中所述的油煤浆、水煤浆以及油水煤浆等可借鉴的经验来看，油焦浆最易应用于改装后的柴油机上。为了使油焦浆能在柴油机中燃烧，需要开发一套泵送和喷射油焦浆的燃料供给系统，并且必须清楚地了解油焦浆直接在传统柴油机中燃烧引起燃油供给系统出现的故障。为此，本书先从理论上分析油焦浆直接应用于传统柴油机可能出现的问题，再通过将油焦浆直接在传统柴油机中燃烧试验来分析出现的问题，旨在为开发油焦浆燃料供给系统提供指导。

2.1 理 论 分 析

供柴油机使用的油焦浆中石油焦颗粒的平均粒径约为 2 μm，石油焦质量百分比浓度约为 30%，柴油质量百分比浓度约为 70%，还有极少量的降低油焦浆黏度和保持油焦浆稳定性的化学添加剂。虽然油焦浆中添加了降黏剂，但是在室温下油焦浆黏度是柴油在室温下的 100 倍左右，黏度大且挥发性差。柴油机主要分为直喷式燃烧室柴油机和分隔式燃烧室柴油机。孔式喷油器用于直喷式燃烧室柴油机上，轴针式喷油器用于分隔式燃烧室柴油机上。喷油器是整个燃料供给系统的终端部件，直接安装在柴油机气缸盖上，喷油器头部与高温燃烧气体直接接触，工作条件极为苛刻。孔式喷油器喷嘴头部一般喷孔数目为 1~7 个，喷孔直径为 0.2~0.5 mm，喷孔直径较小，就是直接燃烧柴油时喷孔在使用中会被积炭堵塞，如果直接燃烧油焦浆时喷孔在使用中更容易被积炭堵塞。轴针式喷油器工作时，轴针在喷孔内往复运动，能清除喷孔中的积炭，喷孔不易堵塞，喷油器工作可靠，喷孔直径也较大，一般在

0.8~1.2 mm 的范围内[97]。因而，通过以上分析，选择带轴针式喷油器的分隔式燃烧室柴油机燃烧油焦浆。分隔式燃烧室又分为涡流室燃烧室和预燃室燃烧室。涡流室燃烧室中喷油器安装在涡流室内，燃油顺涡流方向喷射，在压缩过程中，气缸中的空气被活塞推挤，由于连接通道与涡流室相切，空气经过通道流入涡流室，形成强烈的有组织的旋转运动，促使喷入涡流室中的燃油与空气混合。在预燃烧室燃烧室中，由于连接通道不与预燃室相切，所以在压缩行程期间并不产生有组织的强烈涡流。为了使燃料与空气充分混合，最终考虑采用分隔式燃烧室柴油机中的涡流室燃烧室柴油机燃烧油焦浆。

图 2.1 所示为传统柱塞式喷油泵示意图，其中有两对精密偶件：一对是出油阀偶件，另一对是柱塞偶件。出油阀偶件中减压带与阀座孔之间的配合间隙为 1~3 μm，柱塞偶件中柱塞与柱塞套间的配合间隙一般为 1.5~3 μm。如果油焦浆直接应用于传统柴油机中，那么平均粒度约为 2 μm 的石油焦颗粒很有可能进入这些配合间隙里。由于出油阀的减压带比较窄，减压带与阀座孔的接触面比较小，石油焦颗粒进入减压带与阀座孔的间隙后产生的阻力也较小，而且出油阀受到高压油焦浆的作用不停地上下往复运动，能够自动清除间隙里的石油焦颗粒，并且间隙里的石油焦颗粒随着高压油焦浆泵送出出油阀再进入高压油管，因而根据以上分析，石油焦颗粒难以在出油阀偶件中减压带与阀座孔之间的配合间隙处堆积。

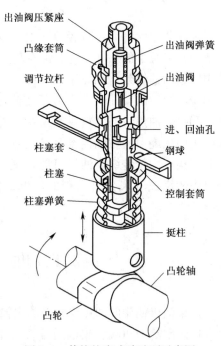

图 2.1 传统柱塞式喷油泵示意图

在柱塞偶件中，柱塞与柱塞套的接触面比较长，也就是柱塞与柱塞套间狭窄的配合间隙较长。当柱塞挤压柱塞腔中的油焦浆时，油焦浆受到的挤压压力升高，当压力高于一定值时克服出油阀弹簧的压力推开出油阀，高压油焦浆便被泵送进入高压油管。另外，有少量高压油焦浆渗透进入柱塞与柱塞套的配合间隙，由于柱塞与柱塞套的配合间隙较长，石油焦颗粒在间隙处堆积。当油焦浆不停地渗透进入柱塞与柱塞套配合间隙时，配合间隙处堆积的石油焦颗粒越来越多，并且这些石油焦颗粒也不能及时地从配合间隙处清除，因而最终可能会导致柱塞卡死，柱塞不能上下往复运动和旋转，喷油泵停止工作。

从以上的理论分析可以看出，油焦浆应用于传统柴油机时，传统柱塞式喷油泵最容易出现问题的部位在柱塞偶件中。要解决柱塞被石油焦颗粒卡死的问题，就得想办法及时清除进入柱塞与柱塞套配合间隙的石油焦颗粒。

图 2.2 所示为传统轴针式喷油器头部结构示意图。轴针式喷油器中针阀与针阀体组成针阀偶件，也属于精密偶件，其中针阀与针阀体之间的配合间隙只有 1.5~3.0 μm。另外，轴针式喷油器中针阀前端的轴针伸入喷孔内，燃油经由轴针与喷孔之间的环形截面喷入燃烧室，环形喷油截面的间隙都很小，为 5~25 μm。因而高压油焦浆直接从传统轴针式喷油器喷嘴处喷出，最容易出现问题的部位在针阀偶件的配合间隙和喷孔的环形截面间隙处。高压油焦浆流入喷嘴中盛油槽，油焦浆压力作用在针阀锥形承压面上，产生向上的推力，当此推力超过调压弹簧作用在针阀上的预紧力时，针阀升起并将喷孔打开，高压油焦浆经环形截面间隙喷入燃烧室，同时有一小部分油焦浆在高压作用下渗透进入针阀偶件的配合间隙。由于针阀与针阀体的接触面比较长，渗透进入针阀与针阀体配合间隙的石油焦颗粒不易及时清除，石油焦颗粒在配合间隙处堆积得越来越多，导致针阀在针阀体中卡死。另外，喷嘴伸入到燃烧室中，直接接触高温高压燃气，工作环境非常恶劣。虽然轴针在喷孔中上下往复运动有自动清除积炭的功能，但对于含有大量石油焦颗粒的油焦浆来说，轴针的这种自动清除积炭的功能也是有限的，因而，在喷孔环形截面间隙处可能会堆积大量的积炭，使得环形截面间隙越来越小，石油焦颗粒在喷孔处堆积得越来越多，导致雾化变差，喷孔堵塞。

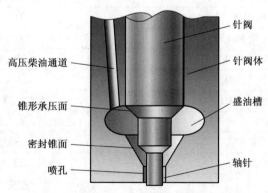

图 2.2　传统轴针式喷油器头部结构示意图

如果油焦浆直接在柴油机中燃烧，除了燃料供给系统出现的问题外，在柴油机的经济性、动力性和排放特性方面也可能会出现问题。油焦浆是石油焦颗粒和柴油等混合制备成的浆体燃料，其黏度大、挥发性低及滞燃期比柴油长。当油焦浆在柴油机燃烧室中燃烧时，大量的石油焦颗粒没有燃烧或者没有完全燃烧就随废气排出燃烧室，导致油焦浆的燃烧效率较低，输出扭矩减少，输出的有效功率降低，同时还要消耗大量的燃料，排气中还有大量的颗粒物。因而，柴油机燃烧油焦浆后经济性变差，动力性降低，排气烟度加大。

以上是从理论上简单分析油焦浆直接用于柴油机所出现的一些问题，为了验证这些理论分析是否符合实际情况，还要将油焦浆直接在传统柴油机中燃烧，通过试验来进一步分析所出现的问题。

2.2 试 验 分 析

试验用的柴油机是 R180 型柴油机，单缸、卧式、蒸发水冷及四冲程，其技术参数见表 2.1。试验所用的油焦浆由平均粒径约为 2 μm 的石油焦粉、北京市市售柴油和少量添加剂组成，石油焦粉在油焦浆中质量百分比浓度为 30%。图 2.3 所示为试验用 R180 型柴油机实物图。

表 2.1 R180 型柴油机主要技术参数

参 数 名 称		参 数 值
缸径/mm		80
行程/mm		80
冷却方式		蒸发水冷
压缩比		21
标定功率/kW		5. 67（2 600 r/min）
燃油消耗率/[g/(kW·h)]		≤278. 8
机油消耗率/[g/(kW·h)]		≤3. 4
喷油压力/MPa		13. 72±0. 5
旋转方向		逆时针（从飞轮端看）
润滑方式		压力及飞溅润滑
净质量/kg		72
外形尺寸/mm	长	625
	宽	341
	高	466

图 2.3　试验用 R180 型柴油机实物图

在柴油机中进行了直接燃烧油焦浆试验，刚开始前 10 min，柴油机运转比较正常，与燃烧柴油时无多大差别。当柴油机燃烧油焦浆超过 10 min 后，发现柴油机运转极不稳定，转速时快时慢，柴油机发出的声音时高时低，整台柴油机抖动得特别厉害，排气烟度较大且排气管有放炮的声音，大约运行了 30 min 柴油机自动熄火且无法再次启动。

经过了多次反复试验后，对其中一个喷油泵进行拆解，喷油泵为柱塞式喷油泵。发现喷油泵调节齿杆无法推动（图 2.4），这是因为柱塞偶件间隙堆积了大量石油焦粉颗粒，柱塞卡死在柱塞套里，导致调节齿圈不能转动。图 2.5 所示为试验后从喷油泵拆下被卡死的柱塞和柱塞套，柱塞上黏附着大量的石油焦粉微小固体颗粒。由于柱塞偶件配合间隙只有两三微米，油焦浆在高压下会渗透进入，微小的石油焦粉固体颗粒便会在配合间隙中堆积起来导致柱塞卡死，不能在柱塞套里来回往复运动，油焦浆不能被泵送出去，发动机由于没有燃料供应自然就熄火了。

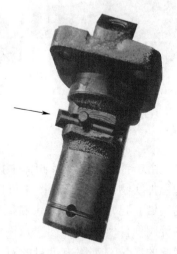

图 2.4　出现故障的喷油泵

经过了多次反复试验后，对其中一个喷油器进行了拆解，喷油器为轴针式喷油器。图 2.6 所示为试验后喷油器，由图 2.6（a）可看出喷嘴结焦严重（图中圈起的区域），由图 2.6（b）可看出喷油器体和针阀体高压油道（图

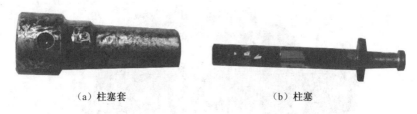

(a) 柱塞套　　　　　　　(b) 柱塞

图 2.5　被卡死的柱塞和柱塞套

中圈起的区域）都被石油焦粉颗粒堵塞，图 2.6（c）可看出针阀体高压油道（图中圈起的区域）被石油焦粉颗粒堵塞。由于喷油器针阀偶件中针阀最前端轴针插入针阀体喷孔中形成很小的间隙，高压油焦浆通过时较大的微小固体颗粒就会堆积在间隙中，使得间隙越来越小，油焦浆雾化越来越差，导致油焦浆以柱状喷出或是从喷孔渗出聚集成较大的液滴附在油嘴上，大量油焦浆没燃烧而焦化，导致喷嘴结焦严重。而且微小固体颗粒在喷孔中堆积会越来越多，堆满针阀体整个盛油槽，堵塞针阀体和喷油器体的高压油道，最后导致喷油器喷射不出高压油焦浆。没有燃料喷入燃烧室，发动机自动熄火。

(a) 喷油器　　　　　　　(b) 喷油器体　　　　　　　(c) 针阀和针阀体

图 2.6　试验后喷油器

　　由于针阀无法从针阀体中拔出，因而将针阀偶件剖开。图 2.7 所示为针阀偶件实物剖开图，从图中可以看出针阀体下部的盛油槽（图中椭圆圈起的区域）已堆积满石油焦粉固体颗粒。图 2.8 所示为针阀从针阀体拿出后的针阀偶件实物剖开图，从图中可以看出，针阀轴针和针阀承压面（图中圈起的区域）都附有大量的石油焦粉微小固体颗粒，针阀体喷孔和盛油槽（图中椭圆圈起的区域）堆满了固体颗粒。同时高压油焦浆会渗入只有两三微米的针阀和针阀体的配合间隙，微小固体颗粒也在配合间隙中堆积导致针阀卡死。

　　从油焦浆直接在柴油机中燃烧可以看出，出现故障的部位主要在喷油泵和喷油器中。其中喷油泵柱塞偶件间隙堆积石油焦粉固体颗粒，导致柱塞卡

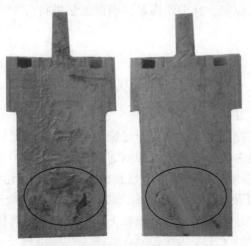

图 2.7　针阀偶件实物剖开图

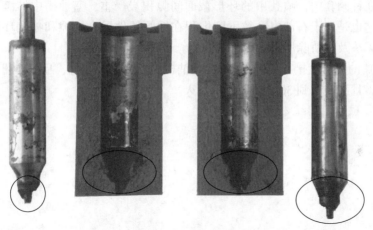

图 2.8　针阀从针阀体中拿出后的针阀偶件实物剖开图

死，柱塞不能在柱塞套内来回往复运动。喷油器主要是针阀最前端柱状轴针与喷孔间环形截面间隙堆满石油焦粉固体颗粒，导致油焦浆不能很好地雾化，颗粒继续往上堆积堆满针阀体下部的盛油槽，还有一小部分石油焦粉固体颗粒在针阀偶件间隙处堆积，所有这些原因导致针阀卡死，针阀不能在针阀体中来回往复运动。根据油焦浆直接在柴油机中燃烧能运行 30 min 的结果可以看出，如果对出现故障的部位进行改进，油焦浆应用于压燃式内燃机还是可行的。

　　通过以上试验分析可知，油焦浆直接在传统柴油机中燃烧所出现的问题从理论分析和试验分析来看基本相符。由于油焦浆直接在传统柴油机中燃烧，柴油机运转非常不稳定，且工作粗暴，因而无法进行台架试验验证其经济性和动力性。

2.3 本章小结

本章主要是将油焦浆直接应用于传统柴油机，通过理论分析和试验分析对传统柴油机直接燃烧油焦浆出现的问题及其原因进行了剖析，旨在为开发适合泵送油焦浆的油焦浆燃料供给系统提供指导。主要结论如下：

（1）油焦浆直接在传统 R180 型柴油机中燃烧后，传统柱塞式喷油泵柱塞卡死在柱塞套中，这是由于石油焦颗粒不断堆积在柱塞偶件配合间隙中，无法及时清除。

（2）油焦浆直接在传统 R180 型柴油机中燃烧后，传统轴针式喷油器的针阀卡死在针阀套中，喷孔中的环形截面间隙积炭严重，盛油槽中堆满石油焦颗粒，这也是由于石油焦颗粒不断堆积在针阀偶件配合间隙和喷孔环形截面间隙中无法及时清除所致。

（3）油焦浆直接在传统 R180 型柴油机中燃烧运转不稳，且工作粗暴，排烟严重，且工作不到 30 min 即自动熄火。

第 *3* 章

油焦浆燃料供给系统的开发

第 2 章通过理论和试验分析研究了油焦浆直接在传统柴油机中燃烧出现的问题，得出了油焦浆在柴油机上的应用首先要解决喷油泵和喷油器中石油焦粉固体颗粒堵塞卡死等问题的结论，因而，本书在传统柱塞式喷油泵和轴针式喷油器基础上，开发适合泵送油焦浆的油焦浆泵与适合喷射油焦浆的油焦浆喷射器，以及用于清洗和润滑油焦浆泵与油焦浆喷射器的清洁润滑系统，这些共同组成专门输送油焦浆的油焦浆燃料供给系统。

3.1　油焦浆喷射器的开发

油焦浆直接在柴油机中燃烧，经过反复试验发现柴油机燃油供给系统中的重要部件之一喷油器主要在三个部位出现故障：其一，喷嘴中的针阀最前端轴针与喷孔之间环形截面间隙过小，在燃烧室高温高压环境下，环形截面间隙处很容易发生积炭，导致间隙进一步减小，最后在喷孔处堆积了大量石油焦粉固体颗粒。其二，喷嘴中的针阀体下部盛油槽堆满了大量石油焦粉固体颗粒。其三，针阀偶件间隙处堆积了石油焦粉固体颗粒。由于喷嘴各处都堆满石油焦颗粒，油焦浆不能从喷孔喷出，油焦浆中的石油焦颗粒逐渐向上堆积，最后堆满针阀体高压油道以及喷油器体高压油道。因而，只要把喷嘴中的这三个主要部位的堵塞问题解决好，高压油道的堵塞问题也就解决了。为此，经过多次设计、反复试验和修改，在传统轴针式喷油器基础上开发专门喷射油焦浆的油焦浆喷射器。

图 3.1 所示为油焦浆喷射器剖面图。油焦浆喷射器是在原机 R180 型柴油机单孔的轴针式喷油器基础上进行开发而成的，主要是针对出现故障的三个部位进行改进。其一，将喷嘴中针阀最前端的轴针去掉，将针阀最前端加工成锥尖。由于单孔的轴针式喷嘴，喷孔孔径一般为 0.8~1.2 mm，轴针插入喷

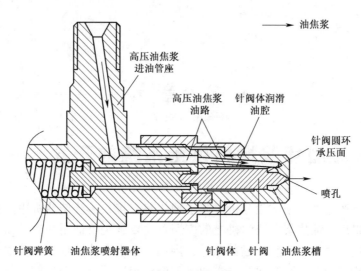

（a）沿高压进油管剖开

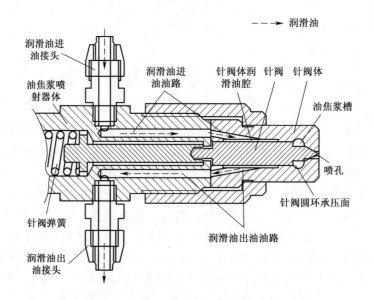

（b）沿润滑油进油和出油接口剖开

图 3.1　油焦浆喷射器剖面图

孔后，轴针与喷孔的环形喷油截面的间隙都很小，为 5～25 μm，因而较大的石油焦粉固体颗粒会在间隙处堆积，从而堵塞喷孔，将针阀最前端加工成锥尖后，喷孔与锥尖的间隙明显加大，石油焦粉固体颗粒不会在间隙处堆积。

其二，将针阀承压面由锥环改成圆环。传统轴针式喷油器中针阀承压面是锥环形的，承压面都伸入到盛油槽中，盛油槽的空间减少，石油焦粉固体颗粒容易堆满整个盛油槽空间，导致针阀运动受阻。将针阀锥环承压面改为圆环后，盛油槽空间加大，石油焦粉固体颗粒难以堆满整个盛油槽空间，针阀运动不会因此受阻。其三，针阀体内腔开有凹槽，与针阀一起组成针阀体润滑油腔。并且，喷油器体和针阀体都开有润滑油进油通道与润滑油出油通道，在喷油器体和针阀体内部与针阀体润滑油腔相通，并通过润滑油进油接口和出油接口与润滑油箱和润滑油泵相通，将传统轴针式喷油器改装为专门喷射油焦浆固液混合浆体燃料的油焦浆喷射器。

图 3.1（a）所示为沿高压油焦浆进油管剖开的油焦浆喷射器剖面图，高压油焦浆进入到喷射器内油焦浆槽，当压力超过针阀弹簧的预紧力时推开针阀由喷孔喷入燃烧室，同时有一小部分高压油焦浆从针阀和针阀体的配合间隙进入针阀体润滑油腔。图 3.1（b）所示为沿润滑油进油接口和出油接口剖开的喷射器剖面图，不断循环流动的润滑油将进入润滑油腔的油焦浆中微小石油焦粉固体颗粒带出，防止堆积在配合间隙处将针阀卡死。另外，针阀轴针改成锥尖插入喷孔后，喷孔与锥尖形成的间隙增大，微小固体颗粒不易在喷孔处堆积，而且高压油焦浆通过喷孔时撞击锥尖表面能够雾化，这样高压油焦浆能顺畅通过喷孔且雾化良好，因而不会在喷嘴处结焦。针阀承压面由原来的锥环面改为圆环面，增大了油焦浆槽的空间，使得沉积在油焦浆槽底部的微小固体颗粒难以接触针阀承压面，避免了由于针阀承压面受到固体颗粒的挤压而停止运动。

图 3.2 所示为传统喷油器针阀与油焦浆喷射器针阀实物对比图。图 3.2（a）所示为传统喷油器针阀，由图可以看出针阀前端轴针为圆柱状，当插入喷孔时轴针与喷孔形成很小的间隙，容易被固体颗粒物堵塞。传统喷油器针阀承压面为锥环状，当插入针阀体时会占据盛油槽较大的空间，使得盛油槽剩下的空间较少，固体颗粒物容易在盛油槽中堆积并且堆满整个盛油槽空间。图 3.2（b）所示为油焦浆喷射器针阀，由图可以看出油焦浆喷射器前端为锥尖状，当插入喷孔时锥尖与喷孔形成的间隙较大，不易被固体颗粒堵塞。油焦浆喷射器承压面为圆环状，当插入针阀体时油焦浆槽仍能保留较大空间，使得固体颗粒物不易将整个油焦浆槽堆满。

图 3.3 所示为油焦浆喷射器实物图。由图可以看出，油焦浆喷射器是在传统喷油器基础上进行开发的。高压油焦浆进油管座是借用原来的高压柴油进油管座。在油焦浆喷射器体内开有左右对称的两个通道，便成为润滑油进出油路，再安装两个接头，就是润滑油进出油接头，通过这两个接头来进出

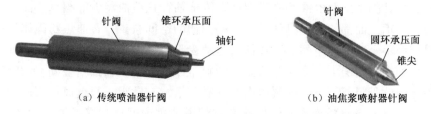

（a）传统喷油器针阀　　　　　　　（b）油焦浆喷射器针阀

图 3.2　传统喷油器针阀与油焦浆喷射器针阀实物对比图

润滑油。油焦浆喷射器针阀偶件通过锁紧螺母与油焦浆喷射器体组装成油焦浆喷射器。

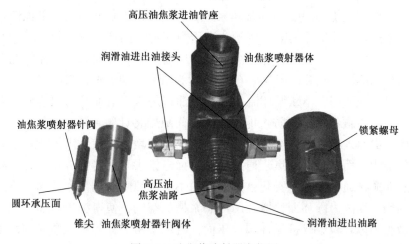

图 3.3　油焦浆喷射器实物图

3.2　油焦浆泵的开发

　　柴油机直接燃用油焦浆时，燃油系统中喷油泵出现的故障主要在柱塞偶件中。当柱塞远离柱塞腔运动时，柱塞腔容积增大，低压油焦浆被吸入喷油泵柱塞腔中；当柱塞向着柱塞腔运动时，柱塞腔容积减少，柱塞挤压油焦浆，油焦浆压力升高。当油焦浆压力高于某一值时，喷油泵出油阀打开，高压油焦浆被泵送出去。同时有一小部分油焦浆在高压作用下渗透进入柱塞偶件间隙，油焦浆中的石油焦粉固体颗粒在柱塞偶件间隙处堆积得越来越多，最后导致柱塞卡死。为了解决喷油泵泵送油焦浆时柱塞卡死的问题，经过了大量设计、反复试验和不断修改，最后在传统喷油泵的基础上开发设计了专门泵送油焦浆的油焦浆泵。图 3.4 所示为沿油焦浆泵润滑油出油接头及进油接头中心平面剖开的油焦浆泵示意图。由图可以看出，在传统喷油泵柱塞套的内腔中开有凹槽，与柱塞一起组成柱塞套润滑油腔。在传统喷油泵的两侧各加有一个小凸台，在泵体铸造时一起铸造出来。这样加有小凸台后，泵体中部变厚，便于加工润滑油进出油油路。在泵体两侧凸台处开有螺纹孔，安装进油和出油空心螺栓。柱塞套润滑油腔两侧各开有一小孔，与空心螺栓紧密连接，在空心螺栓尾部垫上密封垫，以防润滑油泄漏。这样，润滑油接头、润滑油油路、空心螺栓和柱塞套润滑油腔相互连通。

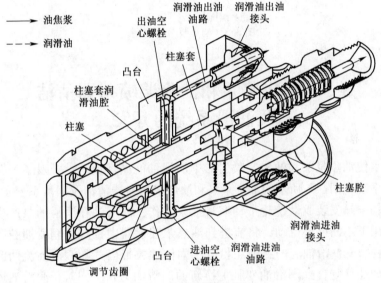

图 3.4　油焦浆泵示意图

　　如图 3.4 所示，低压油焦浆进入柱塞腔，在柱塞的挤压作用下通过出油阀被泵送出去。同时，有一部分油焦浆在高压作用下渗透进入柱塞偶件间隙到达柱塞套润滑油腔。润滑油在润滑油泵的驱动下不断循环流动，将渗透进入柱塞套润滑油腔的油焦浆带走，防止了油焦浆中的石油焦粉固体颗粒在柱塞偶件间隙处的堆积，避免了柱塞卡死。

　　图 3.5 所示为油焦浆泵实物图。由图可以看出，油焦浆泵是在传统柱塞式喷油泵基础上进行开发的。油焦浆泵的两侧有加厚的小凸台，便于在泵体中开润滑油通道，两个空心螺栓安装在泵体小凸台开有的小孔中。两个空心螺栓中也开有润滑油通道，与柱塞套润滑油腔相通。在油焦浆泵的前端面安装有两个润滑油接头，与泵体内的润滑油通道相连接，便于润滑油的进出。

润滑油接头　泵体

凸台

出油阀座

空心螺栓

图 3.5　油焦浆泵实物图

3.3　油焦浆泵和油焦浆喷射器清洁及润滑系统的开发

　　为了使油焦浆泵和油焦浆喷射器中润滑油能循环流动，开发了一套清洁及润滑系统，图 3.6 所示为油焦浆泵和油焦浆喷射器清洁及润滑系统示意图。在凸轮轴末端安装驱动链轮带动润滑油泵工作，润滑油在润滑油泵产生的驱动力作用下不断循环流动，将流进到油焦浆喷射器中针阀体润滑油腔和油焦浆泵中柱塞套润滑油腔的石油焦粉微小固体颗粒带出并随润滑油流回润滑油容器，如此往复直到润滑油变脏更换新的润滑油为止。同时，润滑油还能对油焦浆喷射器喷嘴起到一定的冷却作用。润滑系统也可采用柴油进行清洁润滑，并可将变脏了的柴油倒入油焦浆中当作燃料利用。

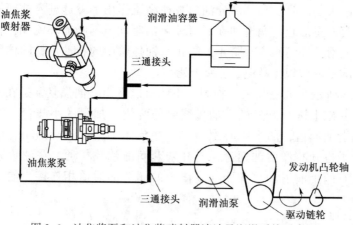

油焦浆
喷射器

润滑油容器

三通接头

油焦浆泵

三通接头　　润滑油泵　　驱动链轮　　发动机凸轮轴

图 3.6　油焦浆泵和油焦浆喷射器清洁及润滑系统示意图

图 3.7 所示为油焦浆泵和油焦浆喷射器清洁及润滑系统实物连接图。润滑油泵安装在固定于底座的架子上，在连接手摇柄的发动机凸轮轴上安装一驱动链轮，通过链条与润滑油泵连接。油焦浆泵和油焦浆喷射器的润滑油进油接头分别与两根塑料软管相连，这两根塑料软管再分别与一个三通接头的两个接头连接，该三通接头剩下的一个接头与润滑油容器的下出口连接，组成润滑系统中润滑油的进油回路。油焦浆泵和油焦浆喷射器的润滑油出油接头也分别与两根塑料软管相连，这两根塑料软管再分别与另一个三通接头的两个接头连接，该三通接头剩下的一个接头与润滑油容器的进口连接，使得润滑油能够流回润滑油容器，循环使用直到润滑油变脏再更换新的润滑油。

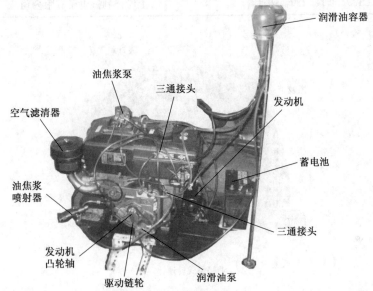

图 3.7　油焦浆泵和油焦浆喷射器清洁及润滑系统实物连接图

油焦浆泵、油焦浆喷射器以及油焦浆泵和油焦浆喷射器的清洁润滑系统共同组成油焦浆燃料供给系统，将其安装在 R180 型柴油机上，原机改装成为专门燃烧油焦浆的油焦浆发动机。为了初步了解油焦浆发动机的性能，将其固定在基座上，让其在空载条件下试运行。

3.4　油焦浆发动机空载下的试验研究

试验所用测量仪器见表 3.1。试验用-20 号柴油在原机中燃烧，用质量百分比浓度为 30% 的油焦浆在装有油焦浆燃料供给系统的油焦浆发动机中燃烧，在空载条件下进行不同转速的排放特性和烟度对比试验。采用非接触式转速计来测量发动机的转速（图3.8）。在发动机飞轮端面的凹进去的圆周上贴一圈黑胶带，再在黑胶带上贴一方形反光纸，用 UT371 非接触式转速计发出的光经过反光纸反射回转速计，经过转速计的处理来测量发动机的转速。

表3.1　测量仪器

名　　称	生　产　厂　家
FGA-4100 汽车排气分析仪	广东佛山分析仪有限公司
495/01 不透光式烟度计	意大利 TECNOTEST 公司
UT371 非接触式转速计	上海优利德电子有限公司

图3.8　油焦浆发动机的转速测量

　　图3.9所示为油焦浆发动机在空载条件下试验装置示意图。在空载条件下的试验主要是检验油焦浆燃料供给系统能否维持油焦浆发动机燃用油焦浆时的正常工作，而且只检测了油焦浆发动机的排放和烟度，没有测量燃料的消耗量。燃料容器中的油焦浆燃料通过油焦浆燃料供给系统喷射到油焦浆发动机燃烧室，用非接触式转速计测量飞轮的转速即发动机的转速，用排气分析仪测量油焦浆发动机的排气成分，用烟度计检测烟度。

　　图3.10所示为油焦浆发动机在空载条件下试验装置实物连接图。由于排气管伸出到室外，排气分析仪和烟度计在室外与排气管相连，因而图中未显示出。因为油焦浆发动机在空载条件下的试验是临时搭建的试验装置，条件比较简陋。发动机用螺栓固定在基座上，非接触式转速计放在飞轮旁边的两

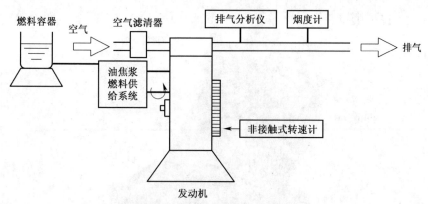

图 3.9　油焦浆发动机在空载条件下试验装置示意图

块木板上。固定在发动机旁边的一支架上悬挂着三个烧瓶容器分别为油焦浆燃料容器、润滑油容器和柴油冲洗容器，且每个烧瓶容器下部都有旋转开关控制。油焦浆燃料容器和柴油冲洗容器与油焦浆泵相连，润滑油容器与润滑油泵相连。其中，润滑油容器里用柴油作为润滑油。试验开始时，柴油冲洗容器和润滑油容器打开，油焦浆燃料容器关闭，用柴油启动发动机。发动机启动后，立即关闭柴油冲洗容器，接着打开油焦浆燃料容器，发动机开始燃烧油焦浆。发动机在空载条件下燃烧油焦浆，从转速 1 000 r/min 左右逐渐增加至 2 500 r/min 左右时，在发动机转速增加过程中，用排气分析仪测量其 CO、HC 和 NO_x 排放特性，用烟度计测量其排气烟度，并与原机在空载条件下燃烧 -20 号柴油的 CO、HC 和 NO_x 排放特性及排气烟度进行比较。当油焦浆发动机在停机之前，关闭油焦浆燃料容器，打开柴油冲洗容器，让油焦浆发动机燃烧几分钟柴油，目的是用柴油将油焦浆燃料供给系统中的油焦浆冲洗干净，防止油焦浆在管路中堆积沉淀，影响下一次油焦浆发动机的启动。

图 3.11 所示为在空载条件下，油焦浆发动机燃烧 30% 油焦浆与原机燃烧 -20 号柴油的 HC 排放量（φ_{HC}）对比曲线，可以看出油焦浆燃烧后的 HC 排放量明显低于柴油，这是由于油焦浆中含有大量石油焦粉微小固体颗粒，HC 的含量比柴油低，且挥发性也比柴油差，因而油焦浆燃烧后的 HC 排放量要低于柴油。另外，从图 3.11 中还可以看出，油焦浆和柴油燃烧后的 HC 排放量都是先降低后增加，柴油比油焦浆表现得更为明显，特别是最后柴油的 HC 排放量的降低。柴油机中最先喷入气缸的柴油与后期喷入气缸的柴油形成 HC 的机理略有差别。最先喷入气缸的柴油形成 HC 的路径主要有被大块冷气团吹熄的可燃混合气形成的 HC、反应过慢的局部过稀和过浓混合气形成的 HC 三条路径。后期喷入气缸的燃油周围都是混合气或燃烧产物，在这种情况下，HC

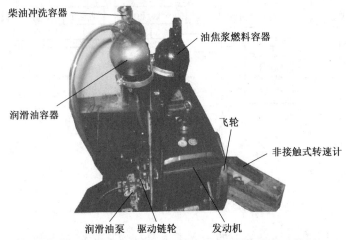

图 3.10 油焦浆发动机空载条件下试验装置实物连接图

的形成路径仅为两条,即被冷气团吹熄的可燃混合气形成的 HC 和反应过慢的局部过浓混合气形成的 HC[98]。刚开始发动机转速低,燃烧室温度低,混合气浓度也较低,因而 HC 排放量稍高。随着发动机转速的提高、燃烧室温度的升高以及混合气变浓,HC 排放量有所降低。随着发动机转速的进一步提高,混合气浓度也进一步加大,没完全燃烧的 HC 也增加,因而 HC 排放量有所提高,到2 000 r/min左右时 HC 排放量达到最大。随着发动机转速的进一步提高,HC 排放量又有所降低,降低的原因可能是转速继续加大导致排气温度的进一步升高,未燃的 HC 在排气管中继续氧化,因而最后测得的 HC 排放量有所降低。

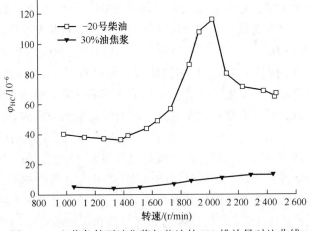

图 3.11 空载条件下油焦浆与柴油的 HC 排放量对比曲线

　　图 3.12 所示为空载条件下油焦浆发动机燃烧油焦浆与原机燃烧−20 号柴油的 CO 排放量（φ_{CO}）对比曲线。油焦浆燃烧后 CO 排放量在各种转速下都低于柴油，这是因为油焦浆中含有大量石油焦粉微小固体颗粒，其滞燃期比柴油长，许多石油焦粉颗粒没有完全燃烧就排出燃烧室，这样油焦浆发动机消耗的 O_2 少，与原机燃烧柴油相比油焦浆发动机中有较多 O_2 与中间产物 CO 反应，因而油焦浆发动机燃烧油焦浆的 CO 排放量也比原机燃烧柴油的 CO 排放量低。另外，从图中还可以看出油焦浆发动机燃烧油焦浆和原机燃烧柴油的 CO 排放量都是先下降后上升，原机燃烧柴油表现得更为明显，特别是原机燃烧柴油 2 000 r/min 后 CO 排放量又有所降低。这是由于刚开始燃烧时过量空气系数较大，燃烧室内温度较低可能导致产生较多的 CO，随着发动机转速的升高，燃烧室内的温度上升，CO 排放量随之降低。原机燃烧柴油在 2 000 r/min 以后 CO 排放量又降低了，这可能是由于随着发动机转速的升高，排气温度也升高，燃烧室内生成的 CO 在放排气管内继续氧化导致检测到的 CO 排放量有所降低。

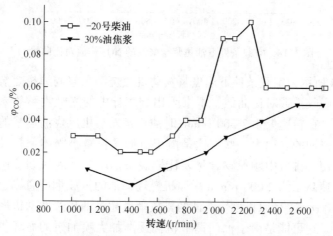

图 3.12　空载条件下油焦浆与柴油的 CO 排放量对比曲线

　　图 3.13 所示为空载条件下油焦浆发动机燃烧 30% 油焦浆与原机燃烧−20 号柴油的 NO_x 排放量（φ_{NO_x}）对比曲线。在 1 000~1 500 r/min 时，油焦浆发动机燃烧油焦浆比原机燃烧柴油的 NO_x 排放量稍低，可能是由于油焦浆热值低于柴油，刚开始燃烧时油焦浆发动机燃烧室温度低于原机燃烧柴油时的燃烧室温度，因而油焦浆发动机的 NO_x 排放量稍低于原机燃烧柴油的 NO_x 排放量。随着转速的提高，即在发动机转速在 1 500~2 100 r/min，燃料的供应量也增加，燃烧室的温度也都升高，但油焦浆含有大量石油焦粉固体颗粒，滞燃期较长，较多固体颗粒在燃烧室没完全燃烧就排出，导致在燃烧室消耗

的氧气较少，因而油焦浆发动机燃烧油焦浆比原机燃烧柴油有较多 O_2 与空气中 N_2 反应，因而油焦浆发动机燃烧油焦浆的 NO_x 排放量要稍高于原机燃烧柴油的 NO_x 排放量。在转速高于 2 100 r/min 后，油焦浆发动机燃烧油焦浆的燃空比和原机燃烧柴油的燃空比都增加，O_2 的含量都不足，因而 NO_x 排放量都降低，并且比较接近。

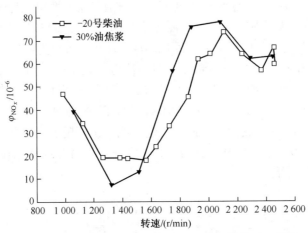

图 3.13 空载条件下油焦浆与柴油的 NO_x 排放对比曲线

图 3.14 所示为空载条件下油焦浆发动机燃烧油焦浆与原机燃烧 –20 号柴油排放的光吸收系数对比曲线，本书采用烟度计中的光吸收系数来表示排放烟度的大小。在转速低于 2 300 r/min 时油焦浆发动机燃烧油焦浆的排放烟度比原机燃烧柴油的要稍大一些，这是由于石油焦粉微小固体颗粒没有完全燃烧就排出，使得排放中颗粒物含量要比燃烧柴油的多，因而烟度比柴油排放的大。在转速高于约 2 000 r/min 后原机燃烧柴油的排放烟度急剧上升，在转速接近 2 300 r/min 后原机燃烧柴油的排放烟度超过油焦浆发动机燃烧油焦浆的排放烟度。这可能是由于油门调节机构逐渐加大喷油泵的循环供油量，每次喷入燃烧室的柴油量也增加，然而柴油机燃烧室总容积不变，空气的增加量是有一定限度的，这样越来越多的柴油没有完全燃烧，生成微小颗粒排出，导致排气烟度在转速高于 2 000 r/min 后几乎呈线性增加。然而相对来说油焦浆中柴油含量较少，又由于油焦浆中石油焦粉微小固体颗粒滞燃期长，没有完全燃烧就排出，使得有充足的氧气供油焦燃烧，因而油焦浆燃烧后排放烟度主要是由没完全燃烧的石油焦粉微小固体颗粒引起的，烟度随转速的变化比较平缓，结果在转速高于 2 300 r/min 后低于燃烧柴油的排放烟度。

图 3.15 所示为油焦浆发动机在空载条件下工作后油焦浆喷射器实物图。当油焦浆发动机燃烧 30% 油焦浆时，油焦浆发动机运转比较平稳。在油焦浆

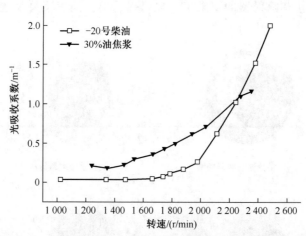

图 3.14　空载条件下油焦浆与柴油排放的光吸收系数对比曲线

发动机停机之前，油焦浆发动机必须燃烧一段时间柴油，使得油焦浆燃料供给系统中的油焦浆喷射器和油焦浆泵都被柴油冲洗几分钟后才停机。油焦浆发动机停机后将油焦浆喷射器和油焦浆泵拆卸下来，检查各个油路的堵塞情况。油焦浆喷射器拆卸后，将针阀偶件取出，针阀轻轻一拨就能从针阀体中拉出，表明针阀没有被卡死。图 3.15（a）所示为油焦浆喷射器喷嘴，喷嘴没有结焦现象，表明油焦浆经喷嘴喷射后雾化良好，从图中可以看出喷孔没有堵塞。图 3.15（b）所示为被拔出针阀后的针阀体实物图，可以看出针阀体中的高压油焦浆油路和润滑油油路都没有被堵塞，也没看出石油焦粉固体颗粒的堆积，表明油焦浆被柴油冲洗干净。图 3.15（c）和图 3.15（d）所示分别为油焦浆喷射器针阀偶件的俯视图和前视图，由图可以看出，针阀最前端锥尖、针阀圆环承压面以及针阀表面都比较干净，看不出有石油焦粉固体颗粒附着在针阀表面。因而，通过油焦浆发动机在空载条件下的运转可以看出，油焦浆喷射器喷射油焦浆的情况较原机喷油器喷射油焦浆的情况大为改善，取得的效果也比较明显。

　　图 3.16 所示为油焦浆发动机在空载条件下运转后油焦浆泵柱塞实物图。由油焦浆直接在原机中燃烧可知，喷油泵的主要故障是喷油泵柱塞被石油焦粉固体颗粒卡死。因而，当油焦浆发动机在空载条件下运行一段时间后需要检查喷油泵柱塞的情况。油焦浆泵从发动机上拆下，发现油量调节齿杆很容易来回拨动，表明柱塞没有被卡死。再取出滚轮和滚轮架，发现柱塞也很容易从柱塞套中拔出。从图 3.16 可以看出，柱塞表面没有附着大量的石油焦粉固体颗粒。通过油焦浆发动机在空载条件下的运转可以看出，油焦浆泵泵送喷射油焦浆的情况较原机喷油泵泵油焦浆的情况大为改善，取得的效果也比

较明显。从油焦浆喷射器的正常工作也可以看出，油焦浆泵泵送油焦浆的压力能满足油焦浆发动机的正常工作需要。

（a）油焦浆喷射器喷嘴　　　　　（b）油焦浆喷射器针阀体

（c）油焦浆喷射器针阀偶件（俯视）　（d）油焦浆喷射器针阀偶件（前视）

图3.15　油焦浆发动机在空载条件下工作后油焦浆喷射器实物图

图3.16　油焦浆发动机在空载条件下运转后油焦浆泵柱塞实物图

3.5　本 章 小 结

本章讲述了一套油焦浆燃料供给系统，包括油焦浆喷射器、油焦浆泵和油焦浆喷射器及油焦浆泵的清洁润滑系统。油焦浆喷射器和油焦浆泵是在传统轴针式喷油器和柱塞式喷油泵基础上开发出来的。油焦浆燃料供给系统安装在R180柴油机上，柴油机被改装为专门燃烧油焦浆的油焦浆发动机。为了检验油焦浆发动机的油焦浆燃料供给系统能否正常工作及其性能如何，进行了空载条件下油焦浆发动机燃烧30%油焦浆的试验，并与原机燃烧−20号柴油在 HC、CO 和 NO_x 排放特性及排气烟度方面进行了比较。最后，拆卸油焦浆喷射器和油焦浆泵检查其堵塞情况。主要结论如下：

（1）油焦浆发动机在空载条件下燃烧 30% 油焦浆运转平稳，并与原机在空载条件下燃烧−20 号柴油进行了比较。油焦浆发动机燃烧油焦浆的 HC 排放量和 CO 排放量在各转速下低于原机燃烧柴油的排放量，在转速低于 1 500 r/min 时油焦浆发动机燃烧油焦浆的 NO_x 排放量稍低于原机燃烧柴油的排放量，1 500~2 100 r/min 时油焦浆发动机的 NO_x 排放量稍高于原机，高于 2 100 r/min 时两者比较接近。在排气烟度方面，转速低于 2 300 r/min 时油焦浆发动机燃烧油焦浆的排放烟度大于原机燃烧柴油，高于 2 300 r/min 时油焦浆发动机的排放烟度反而小于原机。

（2）油焦浆喷射器工作后，喷嘴表面没有结焦，喷孔没有堵塞，表明油焦浆经油焦浆喷射器喷射后雾化良好。油焦浆喷射器针阀很容易从针阀体中拔出，表明针阀没有被卡死，且针阀最前端锥尖、针阀圆环承压面和针阀表面没有附着石油焦粉固体颗粒，针阀体的高压油焦浆油路和润滑油油路没有堵塞和堆积沉淀石油焦粉固体颗粒。

（3）油焦浆泵工作后，柱塞很容易从柱塞套中取出，表明柱塞没有被卡死。油焦浆泵工作后的柱塞表面没有附着大量的石油焦粉固体颗粒，达到了设计的目的。

（4）油焦浆泵和喷射器的清洁及润滑系统能将油焦浆泵与喷射器中的油路和间隙处的石油焦粉固体颗粒及时清洗，维护了油焦浆泵和喷射器的正常工作。而且，当润滑油流经油焦浆喷射器时能带走一定的热量，具有一定的冷却效果。

第4章

油焦浆发动机台架试验

从第3章可知，本书研究开发的油焦浆发动机可以在空载条件下平稳运转。为了进一步研究油焦浆发动机的性能，本章将研究油焦浆发动机安装在台架上和测功机连接后的负荷特性与排放特性。

4.1 试 验 装 置

图4.1所示为油焦浆发动机台架试验装置示意图。台架由测功机、发动机、电子天平、温度传感器、排气分析仪和烟度计等构成。发动机与CW50型电涡流测功机相连接，测功机用来测量不同工况下发动机的转速和转矩；使用LT500B型电子天平来测量不同试验条件下的油焦浆和柴油的消耗量；采用FGA-4100型排气分析仪测量发动机排气中HC、CO、NO$_x$、CO$_2$和O$_2$的

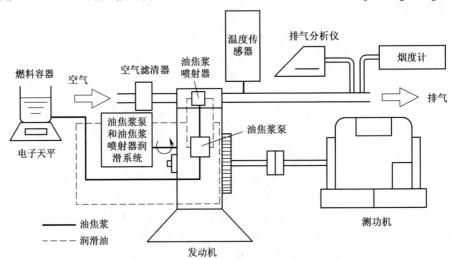

图4.1 油焦浆发动机台架试验装置示意图

体积分数；使用 K 型温度传感器测量排气温度；采用 495/01 型不透光式烟度计检测发动机碳烟排放。

图 4.2 所示为油焦浆发动机台架试验装置实物连接图。其中，测功机是由洛阳南峰机电设备制造有限公司生产的 CW50 型电涡流测功机，额定功率为 50 kW。发动机与测功机之间通过弹性联轴器连接，为了安全，特意在弹性联轴器上用防护罩盖住。发动机固定在一块钢板上，钢板与左右两根支柱连接，支柱固定在基座上。发动机固定在钢板之前，要求发动机的飞轮中心与测功机的转轴中心进行对中。润滑油容器和柴油冲洗容器固定在与钢板连接的支架上。燃料容器放在电子天平上，并一起放在高于发动机的平台上，以便燃料能在重力作用下顺利流向发动机。K 型温度传感器安装在靠近发动机的排气管上，并与温度显示器连接，该温度显示器固定在支撑排气管的支架上。发动机的排气通过安装在室内地沟里较粗的排气管道排到室外，烟度计和排气分析仪与这根较粗的排气管道相连。

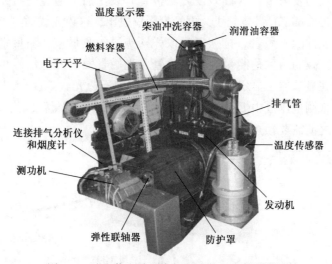

图 4.2　油焦浆发动机台架试验装置实物连接图

图 4.3 所示为发动机排气取样探头实物连接图。如图 4.3 所示，在排气管上打有两个小孔，较大一点的孔插入烟度计取样探头，较小一点的孔插入排气分析仪的取样探头。

图 4.4 所示为发动机烟度检测装置。其中烟度计是意大利生产的不透光式烟度计 495/01，与烟度计通过数据连接线相连的是控制器和显示器。烟度计用来测量发动机排烟的大小。烟度计的中部为测量室，位于测量室的两端有通风口，通风口中安装有风扇，在风扇的驱动下会有清洁空气强行通过，防止排烟中的颗粒物沉积在光学元件投影仪和光敏管上，从而影响测量结果。

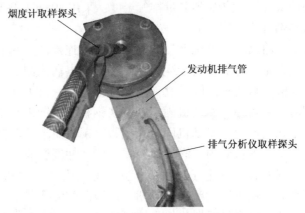

图 4.3　发动机排气取样探头实物连接图

在光学元件靠近测量室一侧有透明镜片，用来保护光学元件。光线在测量室一侧经过高效的发射装置（高效发光二极管）发出后，通过一组光学器件变成一束直径为 6 mm 的明亮光线，再经投影仪发出，这束光线通过整个测量室后到达光敏元件的光敏管。排烟通过取样探头进入测量室，测量室中的光线被排烟阻挡，减弱后到达测量装置光敏管。光敏管发出的电信号再经控制器处理，最后在显示器上显示烟度的大小。本书中不透光式烟度计 495/01 采用光吸收系数来测量排气中烟度的大小，单位为 m^{-1}，其测量范围为 $0 \sim 10$ m^{-1}。烟度计工作之前需要预热，预热时间约为 5 min[99]。

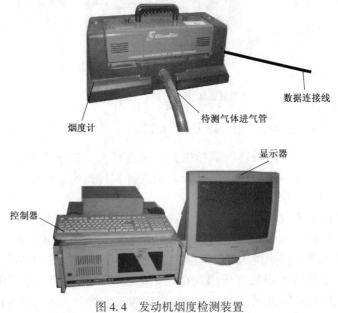

图 4.4　发动机烟度检测装置

用来检测发动机排气中各气体体积分数的仪器为 FGA-4100 汽车排气分析仪，能同时测量排气中的 CO、CO_2、O_2 的体积分数和 HC、NO_x 的体积浓度。其中，仪器中的 HC、CO 和 CO_2 测量采用非分散式红外（NDIR）分析方法，其基本原理是某些待测气体对特定波长的红外辐射能的吸收程度与其浓度成比例这一物理性质。O_2 和 NO_x 的测量采用电化学原理，其基本原理为电化学传感器（氧传感器和氮氧传感器）通过与被测气体（O_2 和 NO_x）发生反应，并产生与气体浓度成正比的电信号来工作。FGA-4100 汽车排气分析仪的主要技术指标见表 4.1。排气分析仪工作之前需要预热，预热时间约为 5 min。

表 4.1　FGA-4100 汽车排气分析仪的主要技术指标

测量组分	测量范围	分辨率	最大允许误差
HC	（0~5 000）ppm	1 ppm	±12 ppm
CO	（0~9.99）%	0.01%	±0.06%
CO_2	（0~16.0）%	0.1%	±0.5%
O_2	（0~25.0）%	0.1%	±0.1%
NO_x	（0~4 000）ppm	1ppmvol	±25ppm

发动机排气温度采用 K 型温度传感器来测量。K 型温度传感器安装在靠近燃烧室的排气管上，其测量端插入排气管内，可以测量刚从燃烧室排出的废气温度。K 型温度传感器通过铁箍固定在排气管上，其后端通过电线与温度显示器相连，随时显示发动机的排气温度。用电子天平来测量发动机燃料消耗量。由于油焦浆是固液混合浆体燃料，为了防止损害油耗仪等测试设备，采用传统的质量法来测量油焦浆的消耗量，即用电子天平直接测量油焦浆质量的减少量。另外，为了便于比较，当原机燃烧柴油时也采用这种传统的质量法来测量柴油的消耗量。所采用的电子天平为 LT500B 型，最大载荷为 500 g，灵敏度为 0.1 g。

4.2　试验发动机和仪器的校正

为了保证试验的顺利进行，确保试验测量数据的准确性，发动机和各种测量仪器都应按照规定调整和标定好。试验前，R180 型柴油机按照厂家规范进行调整，并在台架上进行标定转速 2 600 r/min 下的负荷特性试验，与厂家提供的在该转速下的数据进行比较。试验数据的测量都是在柴油机水箱中的冷却水沸腾条件下进行的。图 4.5 所示为厂家在标定转速 2 600 r/min 下，所测 R180 型柴油机的转矩随功率变化与作者所测数据的比较。由图 4.5 可以看出，厂家测得的转矩随柴油机功率变化曲线与本书试验所测的转矩随柴油机功率变化曲线非常吻合。

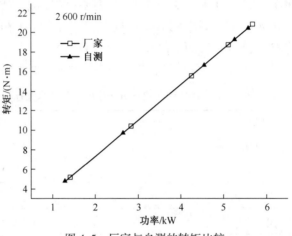

图 4.5　厂家与自测的转矩比较

图 4.6 所示为厂家在标定转速 2 600 r/min 下，所测 R180 型柴油机的柴油消耗率随功率变化与本书试验所测数据的比较。厂家测得的柴油消耗率随柴油机功率变化曲线与本书试验所测的柴油消耗率随柴油机功率变化曲线总体上比较接近，曲线趋势也比较一致，差别之处可能是由于两者所用的柴油消耗量的测量方法和所用仪器不一样所致。

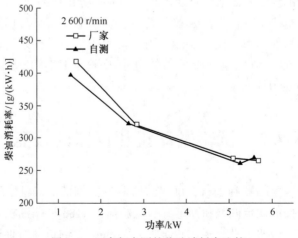

图 4.6　厂家与自测的柴油消耗率比较

图 4.7 所示为厂家在标定转速 2 600 r/min 下, 所测 R180 型柴油机的排气温度随功率变化与本书试验所测数据的比较。如图 4.7 所示, 厂家测得的排气温度随柴油机功率变化曲线与本书试验所测的排气温度随柴油机功率变化曲线总体上比较接近, 曲线趋势也比较一致, 差别之处也可能是由于两者所用的排气温度的测量方法和所用仪器不一样所致。

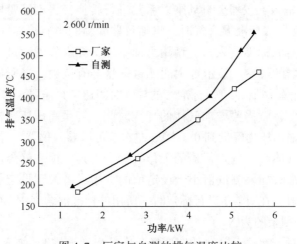

图 4.7　厂家与自测的排气温度比较

通过对 R180 型柴油机在标定转速 2 600 r/min 下的台架试验, 测得柴油机转速、柴油消耗率及排气温度随柴油机功率的变化, 并与厂家对相同型号柴油机相同转速下所测数据对比可以看出, 本书试验所用的 R180 型柴油机性能与厂家提供的数据比较接近, 可以用来进行试验。

CW50 型电涡流测功机已按照厂家的规定进行了调整, 并进行了相应的维护检查, 确保试验的顺利进行和测量数据的准确性。烟度计的电源插座通过电源线与控制器连接, 控制器的电源由 12 V 的变压器提供。数据传输线将烟度计和控制器连接起来, 进行数据信号的传送。当控制器启动后, 介绍信息出现在显示器屏幕上, 按 Enter 键, 进入测试选择界面。在此界面下, 选择 SMOKE ANALYSIS 选项, 等待几秒钟后烟度计便进行预热状态。在预热阶段不要把取样探头插入排气管, 预热时间约为 5 min。预热结束后, 从界面中选择 TEST SELECTIONS 选项, 可以选择自己感兴趣的测量方法进行烟度测量[99]。测量前, 烟度计与发动机排气管断开, 只有测量室两端的风扇不停地运转, 将干净空气吹入测量室, 进行零点校正。测量时, 测量室两端的风扇仍正常工作, 烟度计与发动机排气管连接, 让发动机排气连续不断地由入口进入测量室。

排气分析仪在测量发动机的排放之前要进行校准、调零、泄漏检查和吸附测试等，只有这些检查合格后才能进行排放测试。校准就是用标准混合气进行标定。本书试验中对于 HC、CO 和 CO_2 的标定，所采用的标准混合气组成为 C_3H_8（体积分数为 209 ppm）、CO（体积分数为 0.49%）和 CO_2（体积分数为 6.0%），剩下的为 N_2。在校准时，仪器显示屏上有测量值和设定值，在设定值区根据标准混合气体的浓度值来设定相应的数值，HC 也直接按照 C_3H_8 的浓度值输入，仪器会自动乘以系数进行转换，将不需要校准的组分设定值设为 0。在导入标准混合气时，将随仪器配套的小瓶标准气的瓶盖取下，将瓶嘴对准仪器的标准气入口，稍用力向下压，标准气就会进入仪器。随着标准气进入仪器的气室，显示屏中的测量值将会有读数。当所显示的读数基本稳定后，停止输入标准气。标准气的导入时间通常只需要 5~7 s，但如果瓶内压力已经很低，就需要增加气体的导入时间。若是高压瓶装标准气，必须通过减压阀将输出压力降低到 0.1 MPa 左右才可以导入仪器。导入标准气时，必须确保标准气体已经进入仪器的工作气室。否则，校准就会发生错误或者校准无效。校准时如果测量值小于设定值的一半或者大于设定值的两倍，都会导致校准失败。在对 NO 进行标定时，所用的标准混合气中 NO 的体积浓度为 2 916 ppm，剩余的为 N_2。

进行调零时，在显示屏"功能选择"中选择"调零"，按下 OK 键即可进行调零，调零过程需要 25 s。调零时利用空气中的氧气体积浓度来校准氧通道，所以调零后，在测量界面氧浓度读数应为体积浓度（20.8±0.2）%（需要安装氧传感器），其他气体体积浓度读数在 0 附近。泄漏检测用于检查取样系统是否有泄漏。连接好取样管和取样探头后，用测漏帽堵住进气口，按下 OK 键开始检查。如果仪器测量数值偏低，先要进行此项检查，如不合格，检查取样管两端接头有无开裂，粉尘过滤器和水分离器的密封圈接触是否良好。在进行吸附测试时，取下探头上的测漏帽，探头必须放在清洁的空气中，以保证流进仪器内部的气体是清洁的。吸附测试合格必须同时满足以下三个条件：HC≤20 ppm（体积浓度），CO≤0.03%（体积分数）和 CO_2≤0.5%（体积分数）。

在以上检测合格后就可以进行发动机的排放测试。打开仪器中的电源开关，由于仪器内部有发热和恒温装置，需要一定的时间才能达到热稳定，此过程至少需要 5 min，但为了达到更高精度，至少预热 15 min。在预热时不要按动仪器的任何键，让其自动完成预热。同时，取样探头不要插入到发动机的排气管中，并且预热前要将测漏帽取下。在本书的排放测试中，使用的是排气分析仪中的"普通测量"[100]。

试验在发动机充分暖机至沸水下进行。所有数据都在工况稳定后测量，且转速、转矩、燃油消耗量及排放、排气温度等都同时测量。试验使用 0 号柴油和质量百分比浓度为 30% 的油焦浆两种燃料，且统一采用质量法并且用电子天平来测量两种燃料的消耗量。排气分析仪根据制造厂的规定进行了标定。试验前发动机按照厂家规范进行了调整，试验项目有发动机转速为 1 200 r/min、1 600 r/min 和 1 800 r/min 时的负荷特性和排放特性的对比。在每次试验完成后和准备停机前，都要用柴油冲洗油焦浆燃料供给系统，以免残留在系统中的油焦浆微小固体颗粒沉淀堆积在管路和油道里。

4.3　试验用燃料的选择

将平均颗粒粒度约为 2 μm 的石油焦粉与柴油混合，制得不同浓度的油焦浆。经过大量的试验表明，随着石油焦粉浓度的增加，油焦浆的黏度增加，当油焦浆质量百分比浓度超过 30% 时，油焦浆黏度随着石油焦粉浓度的增加而急剧增加。油焦浆黏度过高不利于雾化和燃烧，油焦浆浓度过低不能起到较好的代油作用，因而本书选用浓度为 30% 的油焦浆。为了更好地降低油焦浆的黏度，选择 NDZ-105 添加剂，其用量为 1%~2%，30% 油焦浆的黏度在室温下可降低至 300 mPa·s。所用柴油为北京市售普通 0 号柴油，其低热值为 42.5 MJ/kg，在室温下的黏度为 3~8 mPa·s，C 和 H 的含量分别约为 84.96% 和 15.04%。按质量百分比为 30% 的石油焦粉制备得到的油焦浆热值约为 40.3 MJ/kg。

4.4　负荷特性分析

4.4.1　燃料消耗率和燃料能耗率

图 4.8 和图 4.9 所示分别为不同转速下燃烧柴油、油焦浆燃料的消耗率和燃料能耗率随功率变化曲线。试验时在每一转速下，由小到大逐渐调节油门开关增大发动机功率，直到该转速下发动机最大输出功率点为止。由图 4.8 可知，在每一固定转速下，发动机燃烧油焦浆时的燃料消耗率都大于柴油；随着转速的增加，发动机燃烧油焦浆时的最大输出功率比燃烧柴油分别降低了约 6.2%、19% 和 21%。这是由于油焦浆的低热值低、难以完全燃烧和燃烧效率低所致。因为固体颗粒需要充分长的时间来加热和点燃，且燃烧时间比

柴油液滴燃烧时间长，因而油焦浆中固体颗粒没完全燃烧就随废气排出。随着发动机转速的提高，在燃烧室没有完全燃烧的油焦浆固体颗粒比例增多，导致了与燃烧柴油时最大输出功率之差增大。同理，虽然油焦浆低热值稍低于柴油，但油焦浆消耗率都高于同转速下的柴油，最后得油焦浆能耗率也高于同转速下的柴油能耗率如图4.9所示。

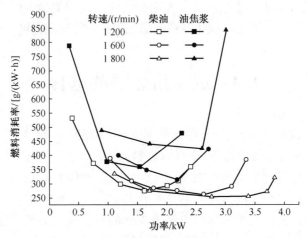

图4.8　不同转速下燃烧柴油、油焦浆燃料的消耗率随功率变化曲线

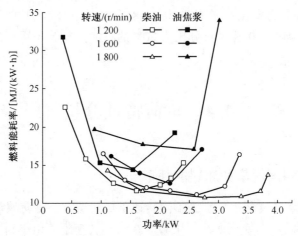

图4.9　不同转速下燃烧柴油、油焦浆燃料的能耗率随功率变化曲线

■ 4.4.2　热效率

图4.10所示为不同转速下燃烧柴油、油焦浆烧料的有效热效率随功率变化曲线。如图4.10所示，在每一固定转速下，燃烧油焦浆的发动机有效热效

率都低于同一转速下燃烧柴油的发动机有效热效率。在转速分别为 1 200 r/min、1 600 r/min 和 1 800 r/min 条件下，燃烧油焦浆的发动机和燃烧柴油的发动机最大有效热效率分别为 30.8% 和 24.95%、32.58% 和 28.45%、33.35% 和 21.07%，燃烧油焦浆的发动机最大有效热效率分别下降了 5.85%、4.13% 和 12.28%。这是由于油焦浆中石油焦颗粒在燃烧室内没完全燃烧，有些石油焦颗粒在排气管中继续燃烧，有些随废气直接排放到大气中，油焦浆在发动机中燃烧后热量损失较大，从而导致燃烧油焦浆的发动机有效热效率比燃烧柴油的发动机低。

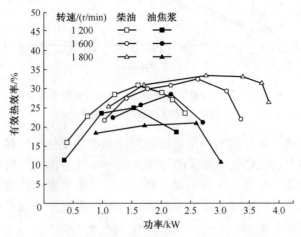

图 4.10　不同转速下燃烧柴油、油焦浆燃料的
有效热效率随功率变化曲线

4.4.3　排气温度

图 4.11 所示为不同转速下燃烧柴油、油焦浆燃料的发动机排气温度随功率的变化曲线。发动机转速分别固定在 1 200 r/min、1 600 r/min 和 1 800 r/min，燃烧油焦浆的发动机排气温度比燃烧柴油的发动机排气温度平均升高了 5.3%、19.1% 和 34.2%。这是因为发动机燃烧油焦浆时，油焦浆中固体颗粒燃烧缓慢，并且随着转速的提高，在燃烧室中没有完全燃烧的石油焦颗粒比例增大，随废气排出后在排气管中继续燃烧的放热量增多，即相对于发动机燃烧柴油而言，燃烧油焦浆时发动机排气带走了更多的热量，导致与燃烧柴油时的排气温差随转速增大。

4.4.4　转矩

图 4.12 所示为不同转速下燃烧柴油、油焦浆燃料的发动机转矩随功率的

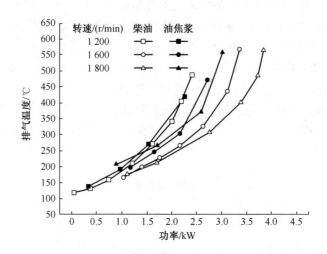

图 4.11   不同转速下燃烧柴油、油焦浆燃料的发动机
排气温度随功率的变化曲线

变化曲线。从图中可以看出，发动机转矩随功率的变化呈线性关系，每一转速下，油焦浆发动机燃烧油焦浆的转矩变化曲线几乎都与原机燃烧柴油的转矩变化曲线重合。但是，在每一固定转速下，油焦浆发动机的最大转矩都小于原机的最大转矩，这可能是由于油焦浆的低热值低于柴油且油焦浆的燃烧效率也低于柴油有关。

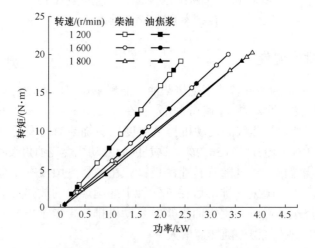

图 4.12   不同转速下燃烧柴油、油焦浆燃料的发动机转矩
随功率的变化曲线

4.5　排气主要成分体积分数分析

▌4.5.1　排气中 HC 体积分数分析

图 4.13 所示为不同转速下柴油消耗量随功率的变化曲线。由于柴油机排气中 HC 的生成途径是柴油的不完全燃烧，又由于油焦浆中石油焦颗粒的主要成分是碳，因而可以通过比较两种燃料的柴油消耗量来说明 HC 的排放特性。图 4.14 所示为不同转速下油焦浆和柴油的 HC 排放量对比。由图 4.14 可知，随着转速的提高，发动机燃烧柴油时的 HC 排放量降低。这是因为在较低转速（1 200 r/min）下，燃烧室内涡流较弱，柴油与周围空气形成的混合气很不均匀。另外，在小负荷下，喷入的柴油总量少，燃烧室温度低，不利于柴油的燃烧，从而导致发动机燃烧柴油时在 1 200 r/min 转速下 HC 排放量较高。发动机转速升高后，柴油在燃烧室中的燃烧条件得到了明显改善，燃烧得比较充分，HC 排放量也随之降低。

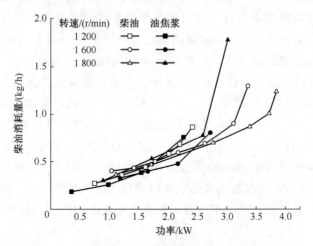

图 4.13　不同转速下柴油消耗量随功率的变化曲线

在 1 200 r/min 转速下，发动机燃烧油焦浆时的 HC 排放量比柴油低。由图 4.13 可知，在该转速下，发动机燃烧油焦浆达到最大输出功率点之前，所消耗的油焦浆中的柴油消耗量低于发动机燃烧柴油时的柴油消耗量；由图 4.11 可知，在发动机燃烧油焦浆达到最大输出功率点之前，燃烧油焦浆时的排气温度高于柴油，有利于在燃烧室内没完全燃烧的油焦浆中的柴油进一步氧化。这样，在 1 200 r/min 转速下发动机燃烧油焦浆达到最大输出功率点

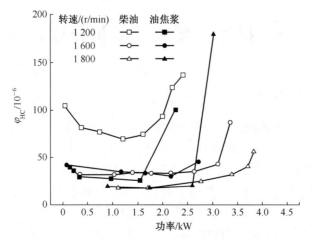

图 4.14　不同转速下油焦浆和柴油的 HC 排放量对比

之前，燃烧油焦浆时的 HC 排放量低于柴油。另外，由图 4.12 可知，在发动机燃烧油焦浆达到最大输出功率点时，所消耗油焦浆中的柴油含量与发动机燃烧柴油时在该功率点下的柴油消耗量接近；由图 4.11 可知，发动机燃烧油焦浆达到最大输出功率点时排气温度与燃烧柴油时在该功率点下的排气温度比较一致。因而在 1 200 r/min 发动机燃烧油焦浆达到最大功率点时，HC 排放量与发动机燃烧柴油时在该功率点下的 HC 排放量比较接近。

在 1 600 r/min、1 800 r/min 转速下，发动机燃烧油焦浆达到最大输出功率点之前，HC 排放量与燃烧柴油时比较接近；发动机燃烧油焦浆达到最大输出功率点时，HC 排放量比发动机燃烧柴油时在该功率点下的 HC 排放量高。这是由于在发动机燃烧油焦浆达到最大功率点之前，所消耗油焦浆中的柴油消耗量与发动机燃烧柴油时的柴油消耗量相接近，因而 HC 排放量也比较接近，如图 4.12 所示；在发动机燃烧油焦浆达到最大功率点下，所消耗油焦浆中的柴油消耗量比在该功率点下发动机燃烧柴油时的柴油消耗量大，因而 HC 排放量也高。

■ 4.5.2　排气中 CO 体积分数分析

图 4.15 所示为不同转速下燃烧柴油和油焦浆燃料的 CO 排放量对比。由图 4.15 可以看出，在三种不同转速下，发动机燃烧油焦浆达到最大输出功率点之前，CO 排放量和柴油比较一致；在燃烧油焦浆达到最大输出功率点时，CO 排放量比发动机燃烧柴油时在该功率点下 CO 排放量高。这是由于发动机燃烧油焦浆达到最大输出功率点以前，混合气中的氧气含量比较充足，而 CO

只是燃烧的中间产物，大部分 CO 最后生成 CO_2，发动机燃烧柴油时的情况也一样，因而二者 CO 排放量比较一致且保持一定浓度不变。发动机燃烧油焦浆达到最大输出功率点时，燃空比增加，燃烧室中局部缺氧区域增加，CO 由于混合气过浓燃烧不完全而增加。另外，由于油焦浆中 C/H 大于柴油，因而发动机燃烧油焦浆达到最大输出功率点时，CO 排放量比发动机燃烧柴油时在该功率点下的 CO 排放量高。

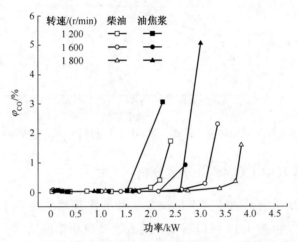

图 4.15　不同转速下燃烧柴油和油焦浆燃料的 CO 排放量对比

4.5.3　排气中 NO_x 体积分数分析

图 4.16 所示为不同转速下燃烧柴油和油焦浆燃料的 NO_x 排放量对比。在 1 200 r/min 、 1 600 r/min 和 1 800 r/min 转速下，发动机燃烧油焦浆时 NO_x 的排放量都比柴油低，这是由于油焦浆和柴油的燃烧特性不同所致。首先是油焦浆低热值低，其次是油焦浆中柴油先燃烧，最后是固体颗粒燃烧，由于固体颗粒滞燃期长，在燃烧室没充分燃烧放热就随废气排出，导致燃烧室温度较低。发动机燃烧柴油时，由于柴油低热值高、燃烧快，燃烧室温度较高。因而发动机燃烧油焦浆时燃烧室的温度要低于燃烧柴油时的温度，NO_x 排放量也就比柴油低。由图 4.16 还可以看出，两种燃料燃烧时 NO_x 排放量都呈现出先上升后下降的趋势。这是由于在小负荷时，混合气中有充足的氧，但燃烧室温度低，故 NO_x 排放浓度也较低；随着负荷的增加，燃烧室内混合气温度升高，NO_x 排放量都呈现出上升的趋势；当负荷进一步增加时，混合气的氧浓度降低，抑制了 NO_x 的生成，NO_x 排放量又都呈现出下降的趋势。

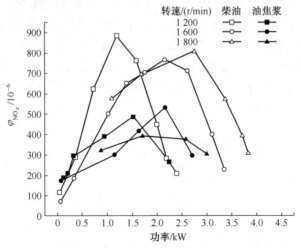

图 4.16　不同转速下燃烧柴油和油焦浆燃料的 NO_x 排放量对比

▌4.5.4　排气中 CO_2 体积分数分析

图 4.17 所示为不同转速下燃烧柴油和油焦浆燃料尾气中 CO_2 体积浓度（φ_{CO_2}）对比。由图 4.17 可以看出，随着发动机功率的增加，两种燃料在发动机燃烧后尾气中 CO_2 体积浓度升高。这主要是由于压燃式发动机平均表现的总过量空气系数在大多数工况下都在 1.5 以上，因而柴油机在大多数情况下燃烧室中的空气总是过量的，随着喷入燃烧室的燃料增加，加之燃料中的主要成分是碳，因而有更多的碳和氧发生反应生成更多的 CO_2。由图 4.17 还可看出，在每一固定转速下，油焦浆发动机燃烧油焦浆后尾气中 CO_2 体积浓度都要大于原机燃烧柴油后尾气中 CO_2 体积浓度。这是由于油焦浆是由石油焦粉和柴油混合而成的，碳含量比柴油高，又由图 4.17 可知，在每一固定转速下和在相同的工况点，油焦浆发动机的油焦浆消耗率要高于原机的柴油消耗率，也就是在同一转速下，发动机发出相同功率的情况下，油焦浆发动机喷入燃烧室的油焦浆质量要高于原机喷入燃烧室的柴油质量，因而与氧气反应产生的 CO_2 比柴油多。另外，油焦浆中的石油焦粉固体颗粒由于滞燃期较长，在燃烧室没有完全燃烧的石油焦粉固体颗粒继续在排气管中与氧气反应，也会产生部分 CO_2，综合起来看，在每一固定转速下油焦浆发动机燃烧油焦浆后尾气中 CO_2 体积浓度要高于原机燃烧柴油后尾气中 CO_2 体积浓度。从图 4.17 中还可以看出，随着转速的增加，油焦浆发动机燃烧油焦浆后尾气中 CO_2 体积浓度与原机燃烧柴油后尾气中 CO_2 体积浓度的差值也增加。这可能是由于随着转速的升高，油焦浆发动机中越来越多的石油焦粉固体颗粒在燃烧

室没有完全燃烧，随废气排出后在排气管中继续氧化，从而产生更多的 CO_2。

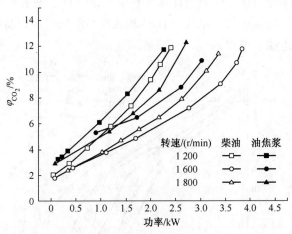

图 4.17　不同转速下燃烧柴油和油焦浆燃料的尾气中 CO_2 体积浓度对比

4.5.5　排气中 O_2 体积分数分析

图 4.18 所示为不同转速下燃烧柴油和油焦浆燃料尾气中 O_2 体积浓度（φ_{O_2}）对比。由图 4.18 可以看出，随着发动机功率的增加，两种燃料在发动机燃烧后尾气中 O_2 体积浓度降低。由于进入发动机燃烧室的空气量是有一定限度的，特别是在同一转速下进入发动机燃烧室的空气量变化不大。但是，在同一转速下随着发动机功率的增加，喷入燃烧室的燃料也增加，从而导致耗氧量的增加，因而发动机尾气中 O_2 体积浓度降低。从图 4.18 还可以看出，在每一固定转速下，油焦浆发动机燃烧油焦浆后尾气中 O_2 体积浓度都低于原机燃烧柴油后尾气中 O_2 体积浓度。又由图 4.18 可知，在每一固定转速下和在相同的工况点，油焦浆发动机的油焦浆消耗率要高于原机的柴油消耗率，也就是说，在同一转速下，发动机发出相同功率的情况下，油焦浆发动机喷入燃烧室的油焦浆质量要高于原机喷入燃烧室的柴油质量，从而油焦浆发动机的耗氧量要高。而且，由于油焦浆中的石油焦粉固体颗粒滞燃期长，在燃烧室中没有完全燃烧就随废气流入排气管，石油焦粉固体颗粒在排气管中继续氧化，进一步消耗排气管中的 O_2。综上所述，在同一转速下，油焦浆发动机燃烧油焦浆后尾气中 O_2 体积浓度要低于原机燃烧柴油后尾气中 O_2 体积浓度。另外，从图 4.18 中可以进一步发现，随着发动机转速的升高，油焦浆发动机燃烧油焦浆后尾气中 O_2 体积浓度与原机燃烧柴油后尾气中 O_2 体积浓度差值也相应增加。这主要是由于随着油焦浆发动机转速的提高，油焦浆燃料中越来

越多的石油焦粉固体颗粒没完全燃烧，随废气流进排气管，石油焦粉固体颗粒在排气管中继续氧化，从而消耗排气管中更多的 O_2，导致随着转速的升高，油焦浆发动机燃烧油焦浆后尾气中 O_2 体积浓度与原机燃烧柴油后尾气中 O_2 体积浓度的差值也相应增加。

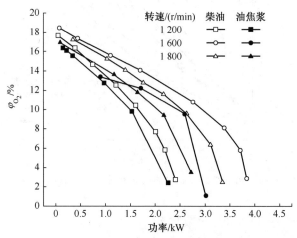

图 4.18　不同转速下燃烧柴油和油焦浆燃料尾气中 O_2 体积浓度对比

4.6　排气烟度分析

排气烟度用排气的光吸收系数来表示。图 4.19 所示为不同转速下燃烧柴油和油焦浆燃料的排气烟度对比。在 1 200 r/min 转速下，发动机燃烧油焦浆达到最大输出功率点以前排气烟度和燃烧柴油时比较接近，在达到最大输出功率点时排气烟度比发动机燃烧柴油时在该功率点下排气烟度要小。这是由于转速较低，油焦浆中石油焦粉固体颗粒在燃烧室中停留时间较长，燃烧较充分，排气中未完全燃烧的固体颗粒较少；又由图 4.13 可知，在该转速下所消耗油焦浆中的柴油消耗量比燃烧柴油时柴油消耗量少，因此在发动机燃烧油焦浆达到最大功率之前二者排气烟度比较接近。在 1 200 r/min 转速下，发动机燃烧柴油时，随着发动机功率的增加混合气变浓，大量柴油被氧化成含碳颗粒，难以完全燃烧，碳烟排放急剧增加。但是由于油焦浆中的石油焦粉固体颗粒在低转速下燃烧得比较充分，油焦浆碳烟排放增加趋势平缓，因而油焦浆发动机燃烧油焦浆达到最大输出功率点时的排气烟度低于柴油发动机。

在 1 600 r/min、1 800 r/min 转速下，油焦浆发动机燃烧油焦浆时的排气烟度比柴油严重。这是由于随着转速的升高，油焦浆中的石油焦粉固体颗粒

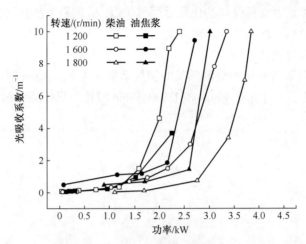

图 4.19　不同转速下燃烧柴油和油焦浆燃料的排气烟度对比

在燃烧室中停留的时间较短，大量固体颗粒没有完全燃烧就随废气排出。

4.7　本 章 小 结

　　本章主要介绍安装油焦浆燃料供给系统的油焦浆发动机燃烧质量百分比浓度为 30% 油焦浆的台架试验，并与原机燃烧 0 号柴油进行了负荷特性和尾气中各成分体积浓度的对比。在负荷特性方面，主要进行了油焦浆发动机燃烧油焦浆和原机燃烧柴油的燃料消耗率、燃料能耗率、有效热效率、排气温度和转矩的对比；在排气中各成分体积浓度的对比方面，主要进行了 HC、CO、NO_x、CO_2、O_2 和尾气烟度的对比。主要结论如下：

　　(1) 在 1 200 r/min、1 600 r/min 和 1 800 r/min 三种转速下，油焦浆发动机燃烧油焦浆的燃料消耗率、燃料能耗率和排气温度分别高于原机燃烧柴油，有效热效率低于原机燃烧柴油。在 1 200 r/min 、 1 600 r/min 和 1 800 r/min 转速下，油焦浆发动机燃烧油焦浆时最大输出功率比原机燃烧柴油时分别下降了 6.2%、19.0% 和 21.0%，排气温度平均升高了 5.3%、19.1% 和 34.2%，另外，油焦浆发动机燃烧油焦浆的最大转矩也比原机燃烧柴油降低了。

　　(2) 油焦浆发动机燃烧油焦浆后排气中 HC 体积浓度在 1 200 r/min 时比原机燃烧柴油的低，在 1 600 r/min 和 1 800 r/min 时二者比较接近；油焦浆发动机燃烧油焦浆后排气中 CO 体积浓度在三种转速下和原机燃烧柴油的相近；油焦浆发动机燃烧油焦浆后排气中 NO_x 体积浓度在三种转速下比原机燃烧柴油的低；油焦浆发动机燃烧油焦浆后尾气中CO_2的体积浓度在三种转速下比原机燃烧柴油的高；油焦浆发动机燃烧油焦浆后尾气中 O_2的体积浓度在三种转速下比原机燃烧柴油的低。

（3）油焦浆发动机燃烧油焦浆的排气烟度在 1 200 r/min 时与原机燃烧柴油的比较接近，在 1 600 r/min 和 1 800 r/min 时比原机燃烧柴油的高。

第 5 章

油焦浆发动机排气中颗粒物特性分析

发动机的颗粒排放物是大气的重要污染源，且对人体健康极其有害，颗粒物被人吸入肺部，能引发各种呼吸系统炎症，国内外对于柴油和生物柴油等燃料燃烧后的颗粒排放物特性进行了大量研究[101-112]。由于油焦浆是固液混合的浆体燃料，其滞燃期较长，其中石油焦颗粒在燃烧室中难以完全燃烧，其排出后将对大气造成污染，因而油焦浆内燃机颗粒物的排放是其能否应用的重要问题之一，很有必要对油焦浆发动机尾气中的颗粒物特性进行分析，以便采取相应的措施使其在燃烧室中尽可能多地燃烧，或者采取相应的后处理措施，使其尽可能少地排到大气中。本章将对油焦浆和 0 号柴油在发动机燃烧后的颗粒排放物，以及用于制备油焦浆的石油焦颗粒进行形貌分析、表面主要元素分析和热重分析。其中发动机颗粒排放物是直接收集附着沉淀在发动机排气管壁的微粒。

5.1　颗粒物的形貌分析

本书采用英国 CamScan 3400 扫描电子显微镜（以下简称扫描电镜），对三种颗粒物样品进行形貌分析。三种颗粒物样品在扫描电镜分析前均进行了相应的表面喷金处理。图 5.1 所示为 CamScan 3400 扫描电镜。下面简单介绍一下其工作原理。扫描电镜中由电子枪发射出来的电子束（直径 50 μm）在加速电压的作用下经过磁透镜系统汇聚，形成直径为 5 nm 的电子束，聚焦在样品表面上，在第二聚光镜和物镜之间的偏转线圈的作用下，电子束在样品上做光栅状扫描，电子和样品相互作用，产生信号电子。这些信号电子经探测器收集并转换为光子，再通过电信号放大器加以放大处理，最终成像在显示系统上。扫描电镜的工作原理与光学显微镜或透射电镜不同：在光学显微镜和透射电镜下，全部图像一次现出，是"静态"的；而扫描电镜则是把来自二次电子的图像信号作为时像信号，将一点一点的画面"动态"地形成三维的图像。

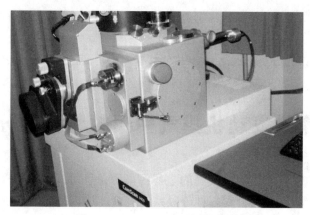

图 5.1　CamScan 3400 扫描电镜

扫描电镜是利用电磁波作照明源的一种新型显微镜，它具有许多新性能和特点：①成像立体感强。扫描电镜适用于粗糙表面和断口的分析；图像富有立体感、真实感，易于识别和解释。扫描电镜的景深是透射电镜的 10 倍，是光学显微镜的 100 倍（扫描电镜的景深是指电子束在试样上扫描可获得清晰图像的深度范围）。②放大倍数变化范围大。扫描电镜放大倍数一般为 15 万~20 万倍，最大可达 10 万~100 万倍，而且同时给出一个比例尺，可方便地测量微结构的尺寸，对多相、多组成的非均匀材料便于低倍下的普查和高倍下的观察分析。透射电镜的放大是通过电子束的光路折射放大实现的，而扫描电镜的放大则不同，它是用显像管中电子束在荧光屏上扫过的距离和镜筒中电子束在样品上扫过的距离之比来计算放大倍率的。③分辨率高。普及型的扫描电镜分辨率为 10 nm，中档的为 5~6 nm，高档的为 1 nm，是光学显微镜分辨率的 250 倍。大多数的扫描电镜分辨率为 2~6 nm，最高可达 0.01 nm。④对样品的辐射损伤轻、污染小。扫描电镜的电子束在样品上是动态扫描，其电子束流小，一般控制在 100 μA 以下，而且加速电压低，一般为 0.5~30 kV，这也是辐射损伤轻、污染小的原因。⑤对观察的样品具有广泛的适应性。体积小至几微米，大至 150 mm，厚至 20 nm 的样品均可以用扫描电镜。其观察样品的种类广泛，从土壤、金相、集成电路到生物切片，直至新鲜的含水样品都可以用扫描电镜观察（含水样品的观察要严格控制加速电压和观察的时间，否则容易损伤样品和污染镜筒）。⑥可进行多功能的分析。扫描电镜除了可以做形貌结构的观察外，如果配上能谱仪、光谱仪和波普仪等附件，还可以在观察形貌的同时做微区的多种成分的定性、定量和定位分析；配有光学显微镜和单色仪等附件时，可观察阴极荧光图像和进行阴极荧光光谱分析等。根据观察目的，能增加无须试样预处理工序的低真空方式功能、试验制冷、吸引、加热、描绘和分析等多方面功能。⑦可以通过电子学方法有效地控制和改善图像的质量。通过调制可改善图像反差的宽容度，使图像各部分亮暗适中。采用双放大倍数装置或图像选择器，可在荧光屏上同时观察不同放大倍数的图像或不同形式的图像。⑧可使用加热、冷却和拉伸等样品台进行动态试验，观察在不同环境条件下的相变形态变化等[113-115]。

图 5.2 所示为制备油焦浆用的石油焦颗粒的微观形貌，从图 5.2 (c) 中可以看出，石油焦颗粒粒径最小的只有约 0.3 μm，最大的约 8 μm，大多数粒径集中在 2 μm 左右。而且，石油焦颗粒表面很干净，没有任何附着物，并且颗粒形状都是棱角分明，比较疏松地堆积在一起。图 5.3 所示为油焦浆内燃机排气中颗粒物的微观形貌，从图 5.3 (b) 和 (c) 中可以看出，颗粒物排列稀疏，且颗粒物表面覆盖着少量的絮状可溶性有机物。这是由于油焦浆中部分没有完全燃烧的石油焦颗粒随废气排出燃烧室，随着废气气流的运动，没完全燃烧的石油焦颗粒分散在尾气中，且颗粒表面吸附着没有完全燃烧的 HC 化合物形成的絮状可溶性有机物。因而，最后从排气管收集到的颗粒排放物排列稀疏，且颗粒粒径比制备油焦浆用的石油焦颗粒粒径稍大些。图 5.4 所示为 0 号柴油燃烧产生颗粒物的微观形貌，从图 5.4 (b) 和 (c) 中可以看出，颗粒排放物排列紧密，且颗粒物之间是黏结在一起的，颗粒物表面覆盖着大量的絮状可溶性有机物，颗粒粒径也比油焦浆燃烧产生的颗粒排放物粒径要大一些。这是由于 0 号柴油燃烧初期生成的碳烟粒子没完全燃烧，排出燃烧室后互相碰撞堆积形成更大的颗粒，且颗粒表面吸附了大量的未完全燃烧的 HC 化合物形成的可溶性有机物，这些有机物是相互连接的。因而颗粒排放物是互相黏结在一起的，且它们排列得比较紧密。从这些图和分析可知，油焦浆发动机的排放颗粒物主要是由没有完全燃烧的石油焦颗粒吸附部分没有完全氧化的 HC 化合物而形成的。减少颗粒物生成的措施可以通过增大发动机的喷油提前角，尽可能延长油焦浆中的石油焦颗粒在燃烧室中的停留时间，也可以通过增大发动机的压缩比等措施升高燃烧室的温度，来提高油焦浆中石油焦颗粒的燃烧效率。

(a) 1 000倍　　　　　(b) 5 000倍　　　　　(c) 10 000倍

图 5.2　制备油焦浆用的石油焦颗粒的微观形貌

(a) 1 000倍 　　　　　(b) 5 000倍 　　　　　(c) 10 000倍

图 5.3　油焦浆内燃机排气中颗粒物的微观形貌

(a) 1 000倍 　　　　　(b) 5 000倍 　　　　　(c) 10 000倍

图 5.4　0 号柴油燃烧产生颗粒物的微观形貌

5.2　颗粒物表面的主要元素分析

　　前面对颗粒物的形貌特征进行了分析，为进一步了解颗粒物表面的主要元素含量，本书采用英国 OXFORD INSTRUMENTS 公司的 X 射线能谱仪 INCAPentaFET-x3，进行三种颗粒物样品表面的主要元素分析。图 5.5 所示为

图 5.5　X 射线能谱仪 INCAPentaFET-x3

X 射线能谱仪 INCAPentaFET-x3，它与扫描电镜配合使用，做微区的多种成分的定性、定量和定位分析。X 射线能谱仪主要由探测器、放大器、脉冲处理器、显示系统和计算机构成。从样品处发出的 X 射线进入探测器，转变成电脉冲，经过前置和主放大器放大，由脉冲处理器分类和累积计数，通过显示器展现 X 射线能谱图，利用计算机配备的专用软件对能谱图进行定性和定量分析。

由于目前 X 射线能谱仪元素检测范围通常是 Be~U，且定量分析精度较差[113-114]。因而，本次试验中没有检测 H 元素和其他含量极少的微量元素的含量，只检测出三种颗粒物表面 C、O 和 S 三种主要元素的含量。

图 5.6 所示为三种颗粒物样品的能谱图。从元素分析结果可得，石油焦颗粒表面主要元素 C、O 和 S 的含量分别为 91.06%、6.96% 和 1.98%；油焦浆燃烧产生的颗粒物表面主要元素 C、O 和 S 的含量分别为 84.73%、14.50% 和 0.77%；柴油燃烧产生的颗粒物表面主要元素 C、O 和 S 的含量分别为 86.40%、13.10% 和 0.50%。石油焦的 C 和 S 含量最高。油焦浆燃烧产生的颗粒物和柴油燃烧产生的颗粒物表面三种主要元素 C、O 和 S 的含量比较接近，其中 O 元素含量都高于石油焦颗粒，这是由于发动机颗粒排放物表面

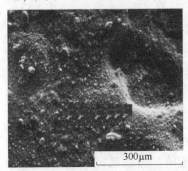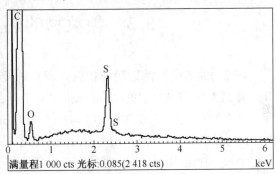

（a）制备油焦浆用的石油焦颗粒

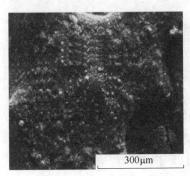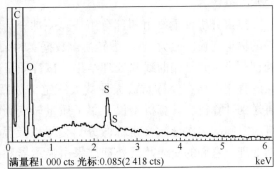

（b）油焦浆内燃机排气中的颗粒物

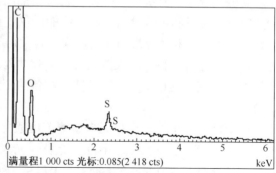

满量程 1 000 cts 光标:0.085(2 418 cts)   keV

（c）柴油内燃机排气中的颗粒

图 5.6　颗粒物样品的能谱图

都吸附没有完全氧化的 HC 化合物，从而导致 O 含量的增加。从以上分析可知，油焦浆燃烧产生的颗粒物主要是没完全燃烧的石油焦颗粒吸附没有完全氧化的 HC 化合物而形成的，这进一步验证了扫描电镜中形貌分析的结果。

5.3　颗粒物的热重分析

　　颗粒物的氧化特性是颗粒物后处理系统设计的主要依据。因此，本书采用德国 NETZSCH STA449C 热重分析仪对上述的三种颗粒物样品进行热重分析。图 5.7 所示为 NETZSCH STA449C 热重分析仪。热重分析仪是通过热重法来分析样品的成分。热重（TG）法是在程序温度控制下测量试样的质量随温度变化的一种技术。为此，需要有一台热天平连续、自动地记录试样质量随温度变化的曲线。它可以用来测量金属络合物的降解、煤的组分以及物质的脱水、分解等。

　　热重分析仪主要由两部分组成：一部分为温度控制系统，另一部分为天平的称重变换、放大、模/数转换、数据实时采集系统。通过计算机进行数据处理、显示并打印曲线和处理结果。试样质量经称重变换器变成与质量成正比的直流电压，经称重放大器放大一定倍数后，送到 A/D（模/数转换器），再送到计算机，计算机不仅采集了质量转变为电压的信号，同时也采集了质量对时间的一次导数（也称微分）信号以及温度信号。对这三个信号进行数据处理，它们的曲线及其处理结果由显示器和打印机打印出来。对天平性能方面的要求：天平应有足够的灵敏度，尽量减少气流、浮力、热辐热、加热

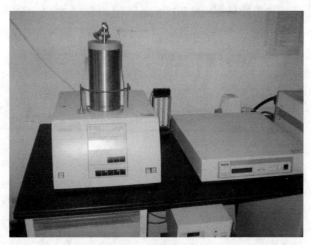

图 5.7　热重分析仪

丝电流产生的磁场影响和腐蚀性气体的影响，结构牢固，能在真空、惰性气氛或其他反应气氛中使用，温度和热重的测量误差要小。

　　为了减少室温对所称重质量的温度漂移，在热重分析仪中装备了温度补偿器，这是由于在称重时室温的升高，引起永久磁钢磁场强度的减少，为了使产生与试样质量相平衡的力矩保持不变，需要增大在磁场中线圈的电流，才能测得准确的质量。为此，在磁场附近装置了热敏元件以补偿由室温引起的质量变动，同时也补偿了由于天平横梁材料的热胀冷缩引起的质量漂移，但这不可能得到完全补偿，所以生产厂商采用的磁钢是最好的八类磁钢，天平横梁采用膨胀系数小的石英或铝合金材料。除了上述两个因素引起试样质量的室温漂移外，还有电子器件引起的温度漂移。解决的办法之一是开机 30 min 以后测试。

　　质量校正的方法有两种：一种是调节电位器数值，改变称重变换器的电压大小，或改变称重放大器的放大倍数，以使标准砝码的质量与计算机采集的质量一致；另一种是利用计算机对采集质量乘以一系数，使与标准砝码的质量一致[115]。

　　分析时将热重分析仪升温速率设定为 20 ℃/min，从室温加热至 800 ℃，通入气体为空气，流量为 40 mL/min。图 5.8 所示为三种颗粒物样品的热重分析图，图中曲线为热重曲线。根据文献［116］的方法来确定颗粒物的质量损失百分率，以及质量变化的起始温度和终止温度。三种颗粒物样品热重曲线都有两个下降区间，只是石油焦颗粒热重曲线中的第一个下降区间变化不大，其他两种颗粒变化较大。热重曲线的第一个下降区间为颗粒挥发分随着温度升高开始挥发导致质量下降的区间，通过第一个下降区间，可以确定颗粒物中挥发分的含量。热重曲线的第二个下降区间为颗粒中固定碳与空气中的氧气反应的区间，通过第二个下降区间，可以确定颗粒物样品中固定碳的含量。最后，随着温度的升高热重曲线没有变化的剩余物为灰分。

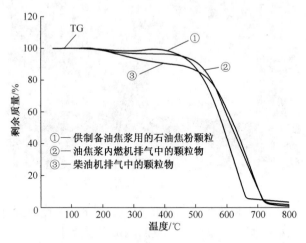

图 5.8　三种颗粒物样品的热重分析图

　　如图 5.8 所示，曲线①是制备油焦浆用的石油焦颗粒的热重曲线，石油焦颗粒中挥发分在大约 144 ℃时开始析出，到大约 269 ℃时析出完，挥发分含量为 1.29%，紧接着石油焦颗粒质量又有少量增加，这是由于吸收了氧，增加了氧的含量[14]。石油焦颗粒中固定碳质量变化的起始温度大约是 490 ℃，终止温度约为 665 ℃，固定碳含量约为 95.3%，最后剩余物为灰分。曲线②是油焦浆内燃机排气中的颗粒物的热重曲线，颗粒物中挥发分在大约 149 ℃时开始析出，到大约 357 ℃时析出完，挥发分含量约为 4.58%，固定碳质量变化的起始温度约为 518 ℃，终止温度约为 725 ℃，固定碳含量约为 93.9%，最后剩余物为灰分。曲线③为柴油机排气中的颗粒物的热重曲线，颗粒物中挥发分在大约 163 ℃时开始析出，到大约 434 ℃时完全析出，含量为 10.43%，固定碳质量变化的起始温度大约为 535 ℃，终止温度约为 727 ℃，固定碳含量约为 88.86%，最后剩余物为灰分。

　　由以上热重分析可知，油焦浆燃烧产生的颗粒物中固定碳含量稍低于石油焦颗粒，但高于柴油燃烧产生的颗粒物；挥发分含量高于石油焦粉颗粒，但低于柴油燃烧产生的颗粒物；灰分含量低于石油焦颗粒，但高于柴油燃烧产生的颗粒物。这再一次证明了油焦浆燃烧产生的颗粒物是油焦浆在发动机燃烧室燃烧过程中，没完全燃烧的石油焦颗粒吸附了没完全燃烧的 HC 化合物而形成的。另外，石油焦粉中的固定碳在大约 490 ℃时就开始燃烧，到大约 665 ℃时燃尽。可油焦浆和柴油燃烧产生的颗粒物中固定碳在 500 ℃之后才开始燃烧，到 700 ℃之后才燃尽。这可能是由于石油焦颗粒挥发分含量少，当加热时挥发分很快吸热析出，石油焦粉颗粒中固定碳较早地吸热，因而使得固定碳着火和燃尽温度提前。其他两种颗粒由于挥发分含量较多，导致挥发分吸热析出时间较长，固定碳开始吸热的时间推后，因而固定碳开始燃烧和完全燃尽的时间也推后。这样，着火温度和燃尽温度也就较高。因而，要降低油焦浆燃烧产生的颗粒排放物，必须对油焦浆发动机进行进一步地改良，以提高油焦浆中石油焦粉颗粒的燃烧效率，在源头上减少颗粒排放物。

5.4　本 章 小 结

本章主要分析了油焦浆发动机燃烧油焦浆后的颗粒排放物的特性，并与制备油焦浆用的原始石油焦粉颗粒和柴油机燃烧 0 号柴油后的颗粒排放物进行了对比。采用扫描电镜分析了三种颗粒物的微观形貌，使用 X 射线能谱仪分析了三种颗粒物的表面主要元素含量，通过热重分析仪分析了三种颗粒物的成分含量。得出的主要结论如下：

（1）油焦浆内燃机排气中的颗粒物主要由没完全燃烧的石油焦颗粒和少量吸附在其表面的没有完全氧化的 HC 化合物组成，且颗粒物排列比较稀疏，其粒径比制备油焦浆的石油焦颗粒稍大，但比柴油机排气中的颗粒物稍小。柴油机排气中的颗粒物吸附了较多的没完全燃烧的 HC 化合物，且排列得比较紧密。

（2）油焦浆内燃机排气中的颗粒物表面 C、O 和 S 三种主要元素含量与柴油燃烧产生的颗粒物表面三种元素含量比较接近。但是，油焦浆内燃机排气中的颗粒物表面 C 和 S 元素含量比制备油焦浆用的石油焦颗粒低，O 元素含量比制备油焦浆用的石油焦颗粒高。

（3）油焦浆内燃机排气中的颗粒物挥发分含量高于制备油焦浆用的石油焦颗粒，但低于柴油机排气中的颗粒物；固定碳含量低于制备油焦浆用的石油焦颗粒，但高于柴油机排气中的颗粒物。另外，油焦浆内燃机排气中的颗粒物中固定碳着火和燃尽温度与柴油机排气中的颗粒物中的固定碳比较接近，但都高于制备油焦浆用的石油焦颗粒中固定碳着火和燃尽温度。

■ 第 6 章 ■

传统喷油器和油焦浆喷射器头部
颗粒物浓度分布模拟研究

传统喷油器直接喷射油焦浆，喷嘴很容易被堵塞和卡死，油焦浆喷射器喷射油焦浆喷嘴能够正常工作，对于其中的原因很难直接观察得到，也就是说，要直接观察到颗粒物在传统喷油器和油焦浆喷射器喷嘴中最开始沉淀堆积的部位有一定的困难。为此，通过软件模拟油焦浆中固体颗粒物在传统喷油器和油焦浆喷射器头部浓度的分布情况，寻找最早及容易出现颗粒物沉淀堆积的部位，以便分析传统喷油器喷射油焦浆时喷嘴容易被堵塞和卡死的原因以及油焦浆喷射器喷射油焦浆时喷嘴能正常工作的原因，同时也能对油焦浆喷射器喷嘴的进一步改进提供理论指导。由于本书开发设计的油焦浆喷射器喷嘴针阀体中只有一个高压油焦浆入口，可是传统轴针式喷油器喷嘴针阀体中有三个高压柴油入口，为了便于模拟分析比较，在传统轴针式喷油器喷嘴建模时也只设计单一入口。

6.1 单入口传统喷油器和油焦浆喷射器头部前处理

本书对传统喷油器和油焦浆喷射器头部模型做了简化处理，只画出高压油焦浆流过的区域，也就是针阀体部分高压油焦浆通道以及针阀和针阀体围成的空腔区域。传统喷油器头部针阀前端轴针在针阀没开启前稍微伸出喷孔，本书简化为在针阀没开启前针阀前端轴针的端面与喷孔端面在同一平面上，这对分析结果不会产生很大影响。对于传统喷油器和油焦浆喷射器头部，分别建立了针阀升程为 0.1 mm、0.2 mm、0.3 mm、0.4 mm、0.5 mm 和 0.6 mm 的几何模型，由于各个升程的传统喷油器和油焦浆喷射器头部建模、分块、划分网格及边界条件设置等前处理方法比较相似，本书主要阐述了针阀升程为 0.1 mm 的前处理过程。图 6.1 所示为单入口传统喷油器和油焦浆喷射器头部的对称面右半部分示意图，该图使用 CAD 软件绘制，并分别将高压油焦浆入口处的长方形区域以及针阀和针阀体围成的区域转换成面域,最后以"∗.sat"格式输出,以便可以导入软件中进一步立体建模、分块和划分网格。

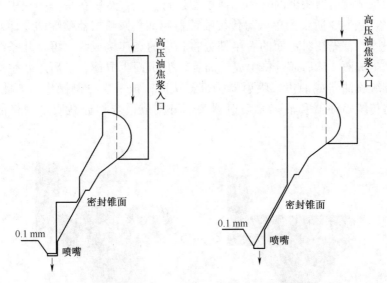

(a) 单入口传统喷油器头部(针阀升程为0.1 mm)　(b) 单入口油焦浆喷射器(针阀升程为0.1 mm)

图 6.1　单入口传统喷油器和油焦浆喷射器头部的对称面右半部分示意图

　　将绘制好的单入口传统喷油器和油焦浆喷射器喷嘴对称面右半部分以"∗.sat"格式导入到软件中,对针阀和针阀体所围成区域的对称面旋转180°,得到针阀和针阀体所围成立体几何模型的一半。以高压油焦浆入口处长方形底部为直径作一半圆,再以这半圆为面,沿着长方形的高拉伸,得到高压油焦浆入口通道立体几何模型的一半。最后,通过布尔命令将两个立体几何模型连接起来,得到图 6.2 所示的单入口传统喷油器和油焦浆喷射器头部的立体几何模型。由于单入口传统喷油器和油焦浆喷射器头部立体几何模

(a) 单入口传统喷油器头部(针阀升程为0.1 mm)　　(b) 单入口油焦浆喷射器(针阀升程为0.1 mm)

图 6.2　单入口传统喷油器和油焦浆喷射器头部的立体几何模型

型是对称的，因而只画出模型的一半。

为了划分高质量的网格，即降低网格的扭曲度，必须对单入口传统喷油器和油焦浆喷射器头部的立体几何模型进行分块，然后在每一小块中单独划分网格。图 6.3 所示为单入口传统喷油器和油焦浆喷射器喷嘴的立体几何模型分块图。首先在对称面的右半部分将相应的点连接成线，再将几条线围成的区域生成面，然后通过将生成的面旋转 180° 而生成体，最后用新生成的体分割传统喷油器或油焦浆喷射器头部，从而完成一次分割操作。如此反复，最终将传统喷油器和油焦浆喷射器头部分割成适合划分高质量网格的立体模型。

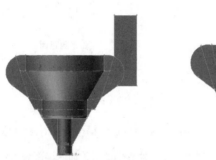

（a）单入口传统喷油器头部(针阀升程为0.1 mm)　（b）单入口油焦浆喷射器(针阀升程为0.1 mm)

图 6.3　单入口传统喷油器和油焦浆喷射器喷嘴的立体几何模型分块图

将分割成块的单入口传统喷油器和油焦浆喷射器头部立体几何模型进行网格划分，从单入口传统喷油器和油焦浆喷射器头部最下端开始对每一个块逐个划分网格。首先对块的边进行边网格划分，接着进行面网格划分，最后对块进行体网格划分。对块划分好体网格后，还要检查网格的扭曲度，当体网格中最大扭曲度大于 0.97 时，就有可能在将网格导入到软件中产生负体积，软件将无法进行模拟计算。因而若对于某个块划分的网格中最大扭曲度过大时，就要对这个块重新进行网格划分，直到最大扭曲度合适为止。本书中所有体网格的最大扭曲度都小于 0.9，满足模拟计算的要求。图 6.4 所示为划分好的单入口传统喷油器和油焦浆喷射器头部的立体几何模型网格图。网格划分好后，就要进行边界条件设置。进入边界条件设置对话框，将高压油焦浆入口上端面设置为压力入口，喷孔出口下端面设置为压力出口，将立体几何模型的剖面设置为对称面。最后以 "＊.mesh" 格式输出。至此，完成对传统喷油器和油焦浆喷射器头部的建模、分块、网格划分和边界条件的设置。

 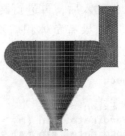

（a）单入口传统喷油器头部(针阀升程为0.1mm)　（b）单入口油焦浆喷射器(针阀升程为0.1mm)

图 6.4　单入口传统喷油器和油焦浆喷射器头部的立体几何模型网格图

6.2　单入口传统喷油器和油焦浆喷射器头部的模拟计算

单入口传统喷油器和油焦浆喷射器头部各个升程的模拟计算过程都一样，因而本书主要介绍升程为 0.1 mm 单入口传统喷油器头部的模拟计算过程。0.1 mm 升程单入口传统喷油器头部的网格文件名为 ctpsq01.msh，打开软件将网格文件读入。网格文件的读入程序如下：

```
> Reading "I:\psqtz\ctpsq\1-ctpsq\1-ctpsq01\ctpsq01.msh"...
   11438 nodes.
    3314 mixed wall faces, zone  3.
      54 mixed wall faces, zone  4.
     400 mixed wall faces, zone  5.
    1138 mixed symmetry faces, zone  6.
     172 mixed pressure-outlet faces, zone  7.
      32 mixed pressure-inlet faces, zone  8.
   26525 mixed interior faces, zone 10.
   10214 mixed cells, zone  2.

Building...
     grid,
     materials,
     interface,
     domains,
     zones,
        default-interior
        pressure-inlet
        pressure_outlet
        summetry
        bigwall
        smallwall
        wall
        fluid
     shell conduction zones,
Done.
```

网格文件读入后，再进行网格检查，主要是检查网格单元中最小体积有没有负体积，如果有负体积就不能继续进行模拟计算，需要重新划分网格。网格文件的检查程序如下：

```
Grid Check

Domain Extents:
  x-coordinate: min (m) = -4.500298e+00, max (m) = 5.457590e+00
  y-coordinate: min (m) = -3.608225e-16, max (m) = 1.036363e+01
  z-coordinate: min (m) = -4.499104e+00, max (m) = 5.391223e-16
Volume statistics:
  minimum volume (m3): 9.311515e-06
  maximum volume (m3): 6.346411e-02
    total volume (m3): 6.032443e+01
Face area statistics:
  minimum face area (m2): 1.120962e-04
  maximum face area (m2): 2.752063e-01
Checking number of nodes per cell.
Checking number of faces per cell.
Checking thread pointers.
Checking number of cells per face.
Checking face cells.
Checking bridge faces.
Checking right-handed cells.
Checking face handedness.
Checking element type consistency.
Checking boundary types:
Checking face pairs.
Checking periodic boundaries.
Checking node count.
Checking nosolve cell count.
Checking nosolve face count.
Checking face children.
Checking cell children.
Checking storage.
Done.
```

由网格文件的检查程序可知，网格单元的最小体积为正值，且最后出现"Done"，表明网格检查通过，可以进行模拟计算。接下来将网格的单位由米（m）转换为毫米（mm）。

在软件中将升程为 0.1 mm 单入口传统喷油器头部的网格文件读入和检查合格后，需在软件中显示网格图，进一步检查网格。图 6.5 所示为在软件中显示的升程为 0.1 mm 单入口传统喷油器头部的网格图，通过对网格图的进一步检查，发现符合设计要求，可以进行下一步的设置。

图 6.6 所示为求解器的默认设置界面。本书都是在针阀升程为一定值时模拟计算颗粒物浓度的分布情况，也就是针阀升程固定在一定值，油焦浆入口处压力设为定值且喷孔出口处压力也设为定值，这样传统喷油器中油焦浆

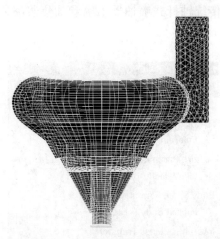

图 6.5　升程为 0.1 mm 单入口传统喷油器头部的网格图

的各点参数不会随着时间而改变，因而在求解器设置时要保持为时间上的稳态设置。

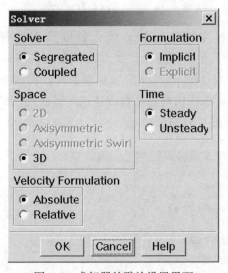

图 6.6　求解器的默认设置界面

　　在多相流模型设置中相数设置为 2，模型为混合模型。图 6.7 所示为多相流模型设置界面。油焦浆中主要是石油焦固体颗粒和液体柴油，因而设置相数为 2 相。混合模型是一种简化了的多相流模型，能对内部各相有不同运动速度的多相流建模。混合模型的典型应用包括沉淀池里的沉淀模拟、旋风分离器模拟、颗粒流模拟以及气泡流动模拟。使用混合模型还可以选择颗粒相来计算颗粒相的各种属性，这被用在固液两相流中。因而本书选用混合模型来模拟计算油焦浆在传统轴针式喷油器喷嘴和油焦浆喷射器喷嘴中流动的颗粒物浓度分布情况。

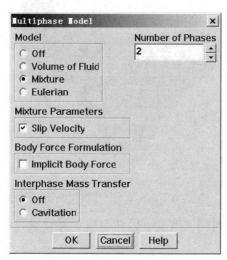

图 6.7 多相流模型设置界面

图 6.8 所示为黏度模型设置界面，黏度模型选择标准的 k–epsilon（2 eqn）湍流模型，其他保持默认设置。标准的 k-epsilon（2 eqn）湍流模型是一个半经验模型，主要是通过经验和对现象的分析建立起来的模型。标准的 k-epsilon（2 eqn）湍流模型是工程流体技术普遍使用的模型，花费较少的计算时间能达到合理的计算精度。

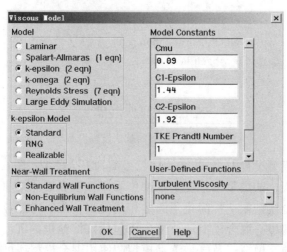

图 6.8 黏度模型设置界面

在材料设置中，要特别注意不管是液体柴油还是固体石油焦颗粒，在 Material Type 设置中选择 fluid，柴油和石油焦颗粒的属性设置界面如图 6.9 所示。根据试验中所用的柴油和石油焦在室温下的密度，属性框中柴油密度设为 817 kg/m³，石油焦密度设为 1 500 kg/m³。指定柴油为基本相，石油焦颗粒为第二相。由于试验中所用的石油焦颗粒平均粒径约为 2 μm，因而在 FLUENT 中石油焦颗粒的粒径大小设为 2 μm。

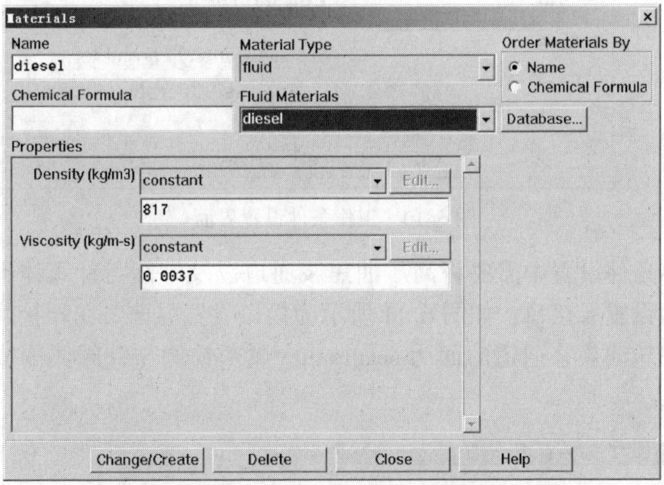

（a）设为柴油

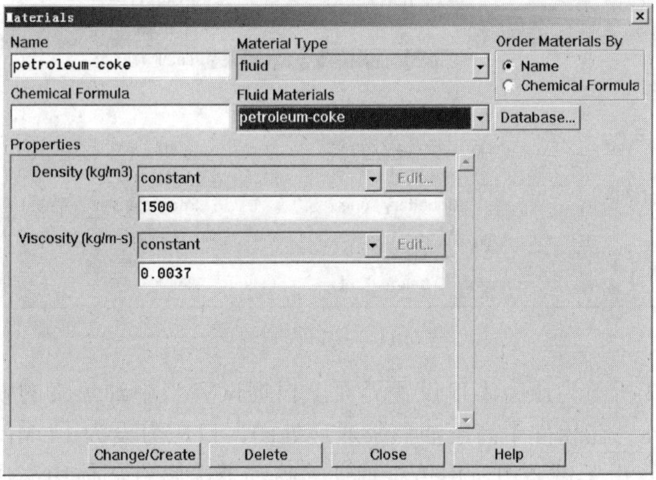

（b）设为石油焦

图 6.9　材料属性设置界面

工作条件设置界面如图 6.10 所示。环境压力设为一个大气压，重力方向设为 Y 轴负方向，大小为 9.81 m/s²。

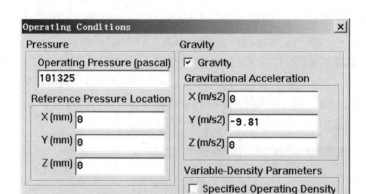

图 6.10　工作条件设置界面

在边界条件设置中需要将高压油焦浆通道以及针阀与针阀体围成的区域相接触的面设置成接口，如图 6.11 所示为接口设置界面。在相接触的两个面中，属于高压油焦浆通道的面为 smallwall，属于针阀与针阀体围成的区域的面为 bigwall。

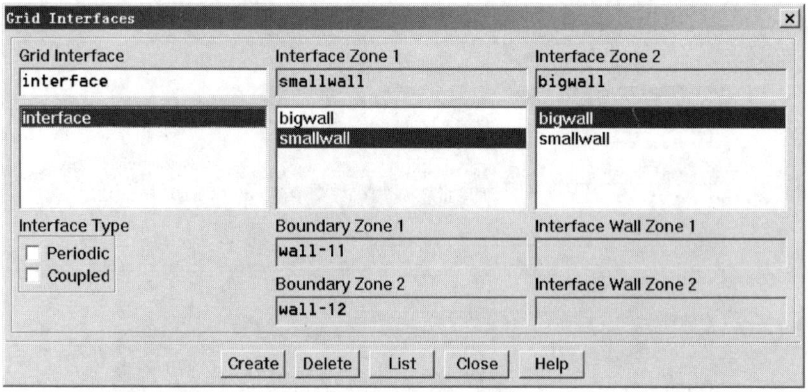

图 6.11　接口设置界面

图 6.12 所示为压力入口设置界面。根据试验当中油焦浆的喷射压力值约为 14 MPa，在软件中高压油焦浆通道处的入口压力设为 14 MPa。湍流强度设为 5%。由于试验中所用传统轴针式喷油器喷嘴针阀体中高压油通道的直径约为 1.7 mm，因而在软件中高压油焦浆入口处的水力直径设为1.7 mm。

图 6.13 所示为压力出口设置界面。由于试验中所用柴油机的压缩比为21，在压缩行程将近终了时，传统轴针式喷油器喷射油焦浆，此时燃烧室内

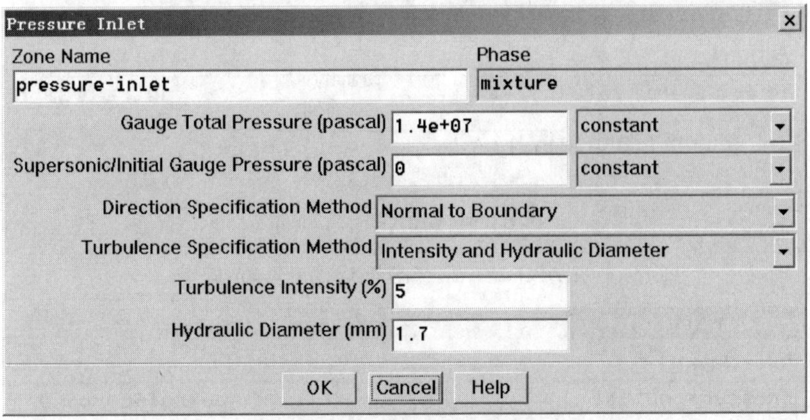

图 6.12 压力入口设置界面

压力约为 2 MPa，因而在软件中出口喷孔处的高压油焦浆出口压力设为 2 MPa。湍流强度设为 5%。由于传统轴针式喷油器喷嘴喷孔的直径约为 1.1 mm，因而在软件中压力出口的水力直径设为 1.1 mm。

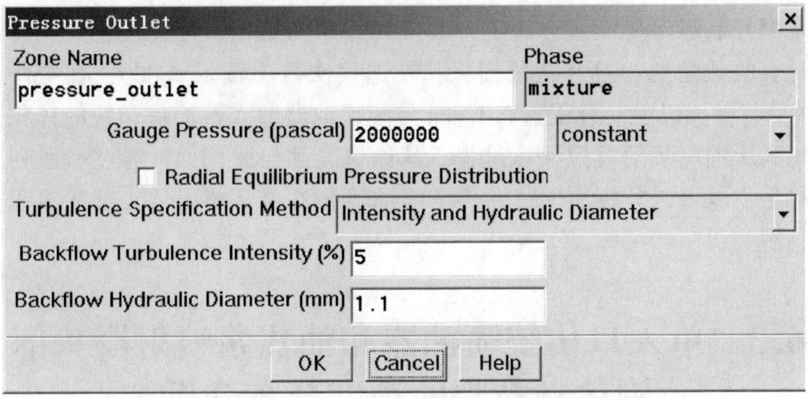

图 6.13 压力出口设置界面

本书中高压油焦浆通道入口处和喷孔出口处高压油焦浆中石油焦颗粒的浓度设为相同，也就是假设高压油焦浆以一定浓度进入高压油焦浆通道，仍然以相同浓度从喷孔喷出，本书的主要目的是通过模拟计算来分析油焦浆中固体颗粒物的浓度分布情况，推测最容易发生堵塞的区域。对于同一针阀升程，模拟计算在高压油焦浆通道入口处高压油焦浆中石油焦颗粒的体积分数分别为 0.1、0.2、0.3、0.4 和 0.5 的情况。图 6.14 所示为油焦浆中石油焦颗粒的体积分数为 0.1 的设置界面。

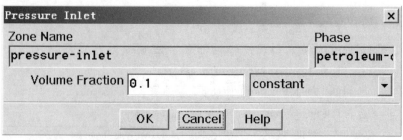

（a）压力入口处石油焦颗粒的体积分数设置界面

（b）压力出口处石油焦颗粒的体积分数设置界面

图 6.14　油焦浆中石油焦颗粒的体积分数为 0.1 的设置界面

　　求解控制器保持默认，从压力入口处开始初始化，打开残差监视器监视模拟计算收敛情况，打开迭代面板，在迭代次数中输入 1 000，在迭代计算103 次后收敛。以上是升程为 0.1 mm 传统喷油器通入石油焦颗粒的体积分数为 0.1 高压油焦浆的模拟计算过程，其他情况都与此相似。通过一系列的模拟计算后，就可以分析油焦浆在传统喷油器和油焦浆喷射器头部的体积分数分布情况。

6.3　单入口传统喷油器和油焦浆喷射器头部固体颗粒物的浓度分布分析

　　由于试验使用的油焦浆中石油焦颗粒的平均粒径约为 2 μm，因而在模拟计算中设置的石油焦固体颗粒的粒径也为 2 μm。对于单入口传统喷油器和油焦浆喷射器喷嘴分别模拟计算了升程为 0.1 mm、0.2 mm、0.3 mm、0.4 mm、0.5 mm 和 0.6 mm 的固体颗粒物的浓度分布，并且对于同一针阀升程，模拟了入口处石油焦颗粒在油焦浆中的体积分数分别为 0.1、0.2、0.3、0.4 和0.5 时，单入口传统喷油器和油焦浆喷射器喷嘴中固体颗粒物的体积分数分布情况。由于试验中所用油焦浆的质量分数为 0.3，换算成石油焦固体颗粒物的体积分数约为 0.2，因而主要针对模拟计算中石油焦固体颗粒物的体积分数约为 0.2 的结果进行分析，其他各体积分数的模拟计算结果见附录 A~F。

图 6.15 所示为单入口传统喷油器和油焦浆喷射器头部的针阀升程为 0.1 mm，在入口处石油焦颗粒在油焦浆中的体积分数为 0.2 时，单入口传统喷油器和油焦浆喷射器头部固体颗粒物的体积分数的分布情况。由于对称面具有一定的代表性，因而本书只研究对称面中石油焦固体颗粒物的体积分数的分布情况。图中数字表示该区域附近石油焦固体颗粒物的最大体积分数。左上侧是喷孔的放大图，中下侧是对称面全图，右上侧是喷孔与密封锥面之间的放大图。由图 6.15 可知，单入口传统喷油器喷嘴中石油焦固体颗粒物的最大体积分数主要集中在喷孔的下部，具体来说就是轴针与喷孔围成的狭窄间隙的下部，其值为 0.23，根据模拟结果可推测出在这些区域比较容易出现固体颗粒物的堆积。

对于油焦浆喷射器头部，在针阀升程为 0.1 mm，且入口固体颗粒物的体积分数也为 0.2，单入口油焦浆喷射器头部固体颗粒物的最大体积分数为 0.212，低于单入口传统喷油器头部固体颗粒物的最大体积分数 0.23。而且，单入口油焦浆喷射器头部喷孔处的固体颗粒物的最大体积分数为 0.204，更加低于单入口传统喷油器部喷孔中固体颗粒物的最大体积分数 0.23，且由于单入口油焦浆喷射器头部喷孔处的空间比较大，因而可以推测石油焦固体颗粒不易在单入口油焦浆喷射器头部喷孔处堆积。由中间对称面全图可知，在对称面左边密封锥面上面的台阶处，单入口油焦浆喷射器头部中固体颗粒物的最大体积分数为 0.212，大于单入口传统喷油器头部在对称面左边密封锥面上面的台阶处的固体颗粒物的最大体积分数 0.2，因而根据模拟结果可推测单入口油焦浆喷射器头部中石油焦固体颗粒比较容易在该台阶处堆积。在右侧密封锥面与喷孔之间区域的放大图中，可以看出单入口传统喷油器头部和油焦浆喷射器头部在该区域的固体颗粒物的体积分数比较接近，都为 0.21 左右，因而单入口传统喷油器和油焦浆喷射器在这些区域也比较容易出现石油焦固体颗粒物的堆积。

单入口传统喷油器和油焦浆喷射器头部的针阀升程为 0.1 mm，入口处石油焦固体颗粒为其他体积分数的模拟结果见附录 A。从附录 A 的结果可以看出，入口处石油焦固体颗粒为其他体积分数的单入口传统喷油器头部也是最容易在喷孔与轴针的狭窄间隙的下端发生石油焦颗粒堵塞的，单入口油焦浆喷射器头部也是最容易在对称面左边密封锥面上面的台阶处发生石油焦颗粒堆积的。其次就是在右侧密封锥面与喷孔之间区域的放大图中，单入口传统喷油器和油焦浆喷射器头部在该区域的固体颗粒物也比较容易堆积。

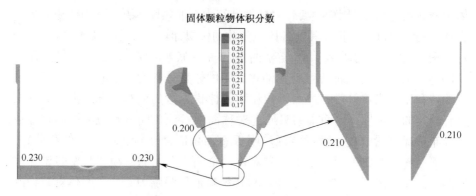

（a）单入口传统喷油器头部（入口处石油焦固体颗粒的体积分数为0.2）

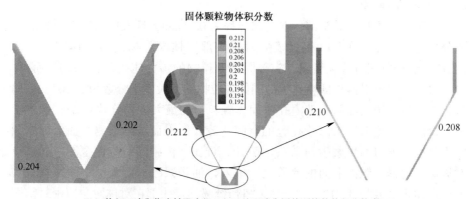

（b）单入口油焦浆喷射器头部（入口处石油焦固体颗粒的体积分数为0.2）

图6.15　单入口传统喷油器和油焦浆喷射器头部固体颗粒物的体积分数分布
（针阀升程为0.1 mm）

图6.16所示为单入口传统喷油器和油焦浆喷射器头部的针阀升程为0.2 mm，入口处石油焦颗粒在油焦浆中的体积分数为0.2，单入口传统喷油器和油焦浆喷射器头部固体颗粒物的体积分数分布情况。由图6.16可知，单入口传统喷油器中石油焦固体颗粒物的最大体积分数为0.24，分布在喷孔与轴针狭窄间隙下部，该区域比较容易发生固体颗粒物的堆积。单入口油焦浆喷射器头部中石油焦固体颗粒物的最大体积分数为0.214，主要分布在对称面左侧密封锥面上部的台阶处，因而单入口油焦浆喷射器头部在该台阶处比较容易发生固体颗粒物的堆积。单入口油焦浆喷射器头部在喷孔处由于空间比较大，且石油焦固体颗粒物在该处的最大体积分数为0.21，相对于单入口传统喷油器头部在喷孔处石油焦固体颗粒物的最大体积分数来说比较低，因而不容易发生固体颗粒物的堆积。在右侧图中喷孔与密封锥面之间区域部分，单入口传统喷

油器和油焦浆喷射器头部该处也是比较容易发生固体颗粒物堆积的地方。

单入口传统喷油器和油焦浆喷射器头部的针阀升程为 0.2 mm 时，入口处石油焦固体颗粒其他体积分数的模拟结果见附录 B。

图 6.17 所示为单入口传统喷油器和油焦浆喷射器头部的针阀升程为 0.3 mm，入口处石油焦颗粒在油焦浆中的体积分数为 0.2，单入口传统喷油器和油焦浆喷射器头部固体颗粒物的体积分数分布情况。由图 6.17 可知，单入口传统喷油器头部喷孔与轴针狭窄间隙处的石油焦固体颗粒物的最大体积分数为 0.218，与前面两个升程相比已经降低，但仍会发生固体颗粒物的堆积。单入口油焦浆喷射器头部中石油焦固体颗粒物的最大体积分数为 0.206，

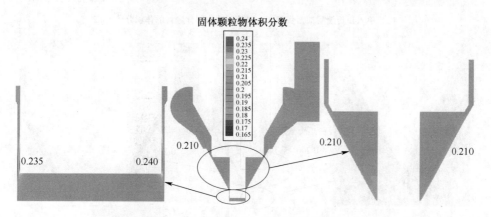

（a）单入口传统喷油器头部（入口处石油焦固体颗粒的体积分数为0.2）

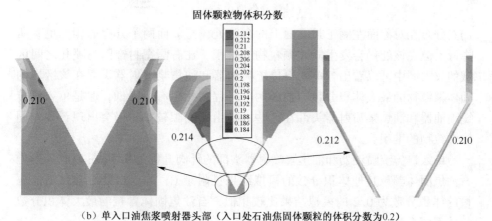

（b）单入口油焦浆喷射器头部（入口处石油焦固体颗粒的体积分数为0.2）

图 6.16　单入口传统喷油器和油焦浆喷射器头部固体颗粒物
的体积分数分布（针阀升程为 0.2 mm）

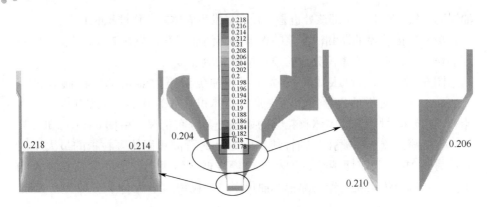

（a）单入口传统喷油器头部（入口处石油焦固体颗粒的体积分数为0.2）

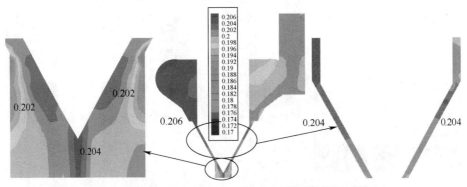

（b）单入口油焦浆喷射器头部（入口处石油焦固体颗粒的体积分数为0.2）

图 6.17　单入口传统喷油器和油焦浆喷射器头部固体颗粒物的体积分数分布

（针阀升程为 0.3 mm）

仍然分布在对称面左侧密封锥面上的台阶处，与前面两个升程的相比也有所降低，但在该处仍会发生固体颗粒物的堆积。在右侧密封锥面与喷孔之间区域的放大图中可以看出，单入口传统喷油器和油焦浆喷射器头部在该区域的固体颗粒物的最大体积分数与前面两个升程相比也有所降低，但是单入口传统喷油器和油焦浆喷射器头部在这些区域由于间隙较小，仍会出现石油焦固体颗粒物的堆积。

单入口传统喷油器和油焦浆喷射器头部的针阀升程为 0.3 mm 时，入口处石油焦固体颗粒其他体积分数的模拟结果见附录 C，与入口处石油焦固体颗粒的体积分数为 0.2 的模拟结果比较相似，石油焦固体颗粒的最大体积分数与前面两个升程相比也都有所降低。

图 6.18 中单入口传统喷油器和油焦浆喷射器头部的针阀升程为0.4 mm，入口处石油焦颗粒在油焦浆中的体积分数为 0.2，单入口传统喷油器和油焦浆

喷射器头部固体颗粒物的体积分数分布情况。由图 6.18 可知，单入口传统喷油器头部喷孔与轴针狭窄间隙处的石油焦固体颗粒物的最大体积分数为 0.218，与针阀升程为 0.3 mm 的比较一致。单入口油焦浆喷射器头部中石油焦固体颗粒物的最大体积分数为 0.218，与针阀升程为 0.3 mm 的比较稍高，仍然分布在对称面左侧密封锥面上的台阶处，该处仍会发生固体颗粒物的堆积。在右侧密封锥面与喷孔之间区域的放大图中，可以看出单入口传统喷油器和油焦浆喷射器头部在该区域的固体颗粒物的最大体积分数与升程 0.3 mm 的相比比较接近，由于单入口传统喷油器和油焦浆喷射器头部在这些区域间隙较小，仍会出现石油焦固体颗粒物的堆积。

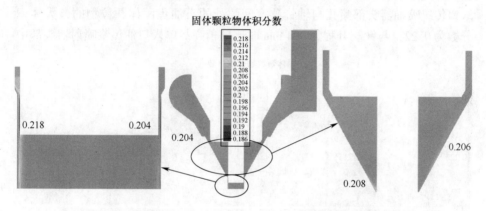

（a）单入口传统喷油器头部（入口处石油焦固体颗粒的体积分数为0.2）

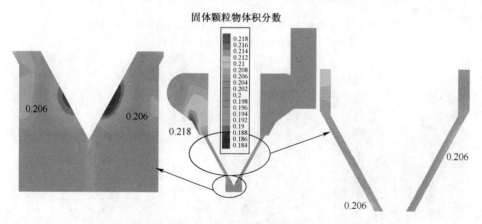

（b）单入口油焦浆喷射器头部（入口处石油焦固体颗粒的体积分数为0.2）

图 6.18　单入口传统喷油器和油焦浆喷射器喷嘴中固体颗粒物
的体积分数分布（针阀升程为 0.4 mm）

单入口传统喷油器和油焦浆喷射器头部的针阀升程为 0.4 mm 时，入口处石油焦固体颗粒其他体积分数的模拟结果见附录 D，与入口处石油焦固体颗粒的体积分数为 0.2 的模拟结果比较相似，只是在单入口油焦浆喷射器头部石油焦固体颗粒物的最大体积分数仍然分布在对称面左侧密封锥面上的台阶处，与针阀升程为 0.3 mm 的相比稍高，其他部位的石油焦固体颗粒的最大体积分数与针阀升程为 0.3 mm 的比较接近。

图 6.19 所示为单入口传统喷油器和油焦浆喷射器头部的针阀升程为 0.5 mm，入口处石油焦颗粒在油焦浆中的体积分数为 0.2，单入口传统喷油器和油焦浆喷射器头部固体颗粒物的体积分数分布情况。由图 6.19 可知，单入口传统喷油器头部喷孔与轴针狭窄间隙处的石油焦固体颗粒物的最大体积分数为 0.22，与针阀升程为 0.4 mm 时比较稍高。单入口油焦浆喷射器头部中

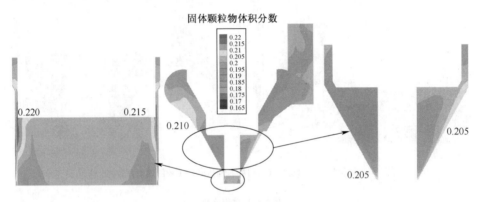

（a）单入口传统喷油器头部（入口处石油焦固体颗粒的体积分数为0.2）

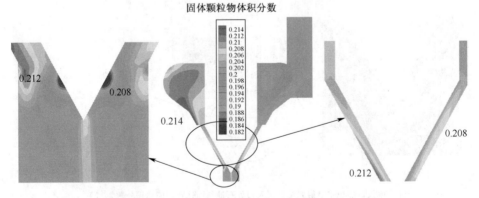

（b）单入口油焦浆喷射器头部（入口处石油焦固体颗粒的体积分数为0.2）

图 6.19　单入口传统喷油器和油焦浆喷射器喷嘴中固体颗粒物的体积分数分布

（针阀升程为 0.5 mm）

石油焦固体颗粒物的最大体积分数为 0.214，与针阀升程为 0.4 mm 时比较稍低，仍然分布在对称面左侧密封锥面上的台阶处，该处仍会发生固体颗粒物的堆积。在右侧密封锥面与喷孔之间区域的放大图中可以看出，单入口传统喷油器和油焦浆喷射器头部在该区域的固体颗粒物的最大体积分数与针阀升程为 0.4 mm 时比较接近，由于单入口传统喷油器和油焦浆喷射器头部在这些区域间隙较小，仍会出现石油焦固体颗粒物的堆积。

　　单入口传统喷油器和油焦浆喷射器头部的针阀升程为 0.5 mm 时，入口处石油焦固体颗粒其他体积分数的模拟结果见附录 E，与入口处石油焦固体颗粒的体积分数为 0.2 的模拟结果比较相似，只是在单入口油焦浆喷射器头部石油焦固体颗粒物的最大体积分数仍然分布在对称面左侧密封锥面上的台阶处，其他部位的石油焦固体颗粒的最大体积分数与针阀升程为 0.4 mm 的比较接近。

　　图 6.20 所示为单入口传统喷油器和油焦浆喷射器头部的针阀升程为 0.6 mm，入口处石油焦颗粒在油焦浆中的体积分数为 0.2 时，单入口传统喷油器和油焦浆喷射器头部固体颗粒物的体积分数分布情况。由图 6.20 可知，在单入口传统喷油器头部中，由于此时针阀与喷孔形成的狭窄间隙长度很短，因而石油焦固体颗粒物的最大体积分数在该处较低，这时喷孔处不容易发生石油焦固体颗粒物的堆积。单入口油焦浆喷射器头部喷孔处的石油焦固体颗粒的体积分数反而较高，且高于传统喷油器头部喷孔处的固体颗粒物的最大体积分数，但由于单入口油焦浆喷射器头部喷孔空间较大，也不会发生固体颗粒物的堆积。此时，单入口油焦浆喷射器头部石油焦固体颗粒物的最大体积分数仍然分布在对称面左侧密封锥面上的台阶处，该处依旧容易发生固体颗粒物的堆积。由于此时针阀的开度较大，在喷孔与密封锥面之间区域空间较大，传统喷油器和油焦浆喷射器头部在该处都不容易发生固体颗粒物的堆积。

　　单入口传统喷油器和油焦浆喷射器头部的针阀升程为 0.6 mm 时，入口处石油焦固体颗粒其他体积分数的模拟结果见附录 F，与入口处石油焦固体颗粒的体积分数为 0.2 的模拟结果比较相似，只是在单入口油焦浆喷射器头部石油焦固体颗粒物的最大体积分数仍然分布在对称面左侧密封锥面上的台阶处，其他部位的石油焦固体颗粒的最大体积分数与针阀升程为 0.5 mm 的比较接近。

　　由以上的模拟分析结果可知，单入口传统喷油器头部在针阀升程越小的时候，也就是在针阀升程为 0.1 mm 和 0.2 mm 时，喷孔与轴针狭窄间隙处的石油焦颗粒物的最大体积分数较大，即越容易在喷孔狭窄间隙处发生石油焦固体颗粒物的堆积，这也是传统喷油器喷射油焦浆时最开始发生堵塞的地方。一旦传统喷油器喷孔出现堵塞，那么雾化就会变差，甚至喷孔喷射出的油焦浆成柱状或者喷孔周围出现液滴状，这样燃烧非常差，燃烧时可能会出现油焦浆还没来得及完全燃烧就被焦化的现象，在喷孔周围结焦，进一步堵塞了喷孔，导致最后整个传统喷油器堵塞，发动机由工作粗暴到最后熄火停机。单入口油焦浆喷射器头部喷射油焦浆时由于喷孔间隙较大不会在喷孔处发生堵塞，只是在对称面左侧密封锥面上部台阶处会出现石油焦固体颗粒物的堆积，但对整个的油焦浆喷射影响不大，因而发动机能够正常地工作。

固体颗粒物体积分数

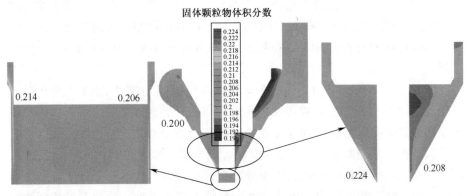

（a）单入口传统喷油器头部（入口处石油焦固体颗粒的体积分数为0.2）

固体颗粒物体积分数

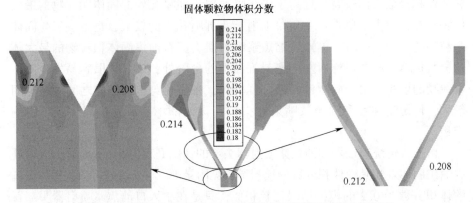

（b）单入口油焦浆喷射器头部（入口处石油焦固体颗粒的体积分数为0.2）

图 6.20　单入口传统喷油器和油焦浆喷射器喷嘴中固体颗粒物的体积分数分布

（针阀升程为 0.6 mm）

图 6.21 所示为传统喷油器和油焦浆喷射器试验后，其中的石油焦固体颗粒物堆积和结焦情况。试验所用油焦浆的质量分数为 0.3，换算成石油焦固体颗粒物的体积分数约为 0.2。图 6.21（a）所示为传统喷油器直接喷射石油焦

固体颗粒的体积分数约为 0.2 的油焦浆，直到发动机自动熄火停机，拆下和剖开喷油器所得的图片。右侧图为喷嘴结焦，喷孔周围覆盖着大量焦化的石油焦颗粒，这是由于喷孔堵塞导致油焦浆雾化变差，甚至油焦浆喷射成柱状或液滴状，导致油焦浆来不及完全燃烧最后在高温的燃烧室中焦化覆盖在喷孔周围。中间图为针阀，针阀的轴颈和轴针都黏附有大量石油焦固体颗粒，特别是在轴针处还黏结有一大块石油焦固体颗粒的堆积物。这就是由于轴针与喷孔的间隙太小，导致大量的石油焦固体颗粒在喷孔处堆积，从而堵塞喷孔的正常喷射。左图为针阀体，针阀体中的盛油槽堆积了大量石油焦固体颗粒，并且石油焦固体颗粒被挤压得比较严实。这是由于喷孔堵塞后，导致油焦浆喷射不畅，越来越多的石油焦固体颗粒物从喷孔慢慢堆积直到整个盛油槽。从以上分析可知，试验的结果正好验证了传统喷油器的模拟结果。

图 6.21 (b) 所示为油焦浆喷射器工作一段时间后并且油焦浆喷射器没有用干净的柴油冲洗的剖开图。由图 6.21 (b) 可知，油焦浆喷射器的喷孔处没有堵塞和结焦，只是油焦浆槽中有少量石油焦固体颗粒物堆积，以及针阀圆环承压面上黏附有石油焦固体颗粒。中间图为油焦浆喷射器针阀，左侧图

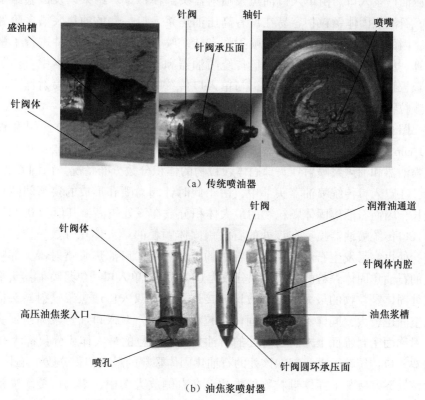

(a) 传统喷油器

(b) 油焦浆喷射器

图 6.21　传统喷油器和油焦浆喷射器中固体颗粒物堆积情况

为连接有高压油焦浆入口的针阀体，右侧图为没有连接高压油焦浆入口的针阀体。由图6.21（b）可见，没有连接高压油焦浆入口的针阀体中油焦浆槽堆积的颗粒物要多些，这也正好验证了模拟结果。在油焦浆喷射器的模拟结果中，与高压油焦浆入口相对台阶处石油焦固体颗粒物的体积分数是最大的，也就表明石油焦固体颗粒最容易在该处堆积沉淀。如果在发动机停机前用干净的柴油冲洗油焦浆喷射器，那么油焦浆喷射器中的石油焦固体颗粒物的堆积将进一步降低。

6.4　双入口传统喷油器和油焦浆喷射器喷嘴头部固体颗粒物的浓度分布分析

　　双入口传统喷油器和油焦浆喷射器与单入口传统喷油器和油焦浆喷射器几何结构基本一致，只是双入口传统喷油器和油焦浆喷射器头部上方有2个高压油焦浆入口。由单入口油焦浆喷射器头部模拟计算结果以及试验结果可知，石油焦固体颗粒物容易在没有高压油焦浆入口一侧的油焦浆槽台阶处堆积，因而建立了双入口油焦浆喷射器和传统喷油器喷嘴模型，并进行了模拟计算。从模拟的角度了解双入口传统喷油器和油焦浆喷射器喷嘴中石油焦固体颗粒物的体积分数分布情况，与单入口传统喷油器和油焦浆喷射器头部固体颗粒物的堆积情况相比是否有所改进。

　　图6.22所示为双入口传统喷油器和油焦浆喷射器头部的针阀升程为0.1 mm，入口处石油焦固体颗粒物在油焦浆中的体积分数为0.2，双入口传统喷油器和油焦浆喷射器头部固体颗粒物的体积分数分布情况。由图6.22可知，在双入口传统喷油器头部中，由于此时针阀与喷孔形成的狭窄间隙长度较长，因而石油焦固体颗粒物的最大体积分数在该处较高，其值为0.23，与单入口传统喷油器喷嘴在该处的石油焦固体颗粒的最大体积分数一样，这时喷孔处也容易发生石油焦固体颗粒物的堆积。双入口油焦浆喷射器头部喷孔处的石油焦固体颗粒的最大体积分数为0.206，与单入口油焦浆喷射器头部喷孔处固体颗粒物的最大体积分数比较接近，由于双入口油焦浆喷射器头部喷孔空间也较大，同样不会发生固体颗粒物的堆积。双入口油焦浆喷射器头部在对称面密封锥面上左右台阶处的石油焦固体颗粒的最大体积分数都为0.2，与双入口传统喷油器头部在该处的石油焦固体颗粒的最大体积分数一样小，因而该处不容易发生固体颗粒物的堆积。在右侧放大图中，双入口传统喷油器和油焦浆喷射器头部喷孔与密封锥面之间的石油焦固体颗粒的最大体积分数

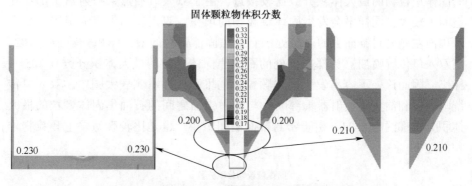

（a）双入口传统喷油器头部（入口处石油焦固体颗粒的体积分数为0.2）

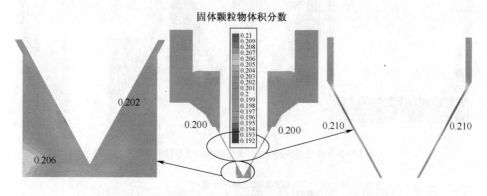

（b）双入口油焦浆喷射器头部（入口处石油焦固体颗粒的体积分数为0.2）

图 6.22　双入口传统喷油器和油焦浆喷射器头部固体颗粒
物的体积分数分布（针阀升程为 0.1 mm）

都为 0.21，由于密封锥面的间隙小，所以是容易发生颗粒物堆积的地方。

　　双入口传统喷油器和油焦浆喷射器头部的针阀升程为 0.1 mm 时，入口处石油焦固体颗粒其他体积分数的模拟结果见附录 G。

　　图 6.23 所示为双入口传统喷油器和油焦浆喷射器头部的针阀升程为 0.2 mm，入口处石油焦颗粒在油焦浆中的体积分数为 0.2，双入口传统喷油器和油焦浆喷射器头部固体颗粒物的体积分数分布情况。由图 6.23 可知，在双入口传统喷油器头部中，由于此时针阀与喷孔形成的狭窄间隙长度仍较长，因而石油焦固体颗粒物的最大体积分数在该处较高，其值为 0.23，与单入口传统喷油器喷嘴在该处的石油焦固体颗粒的最大体积分数也一样，这时喷孔处也容易发生石油焦固体颗粒物的堆积。双入口油焦浆喷射器头部喷孔处的石油焦固体颗粒的最大体积分数为 0.21，与单入口油焦浆喷油器头部喷孔处

的固体颗粒物的最大体积分数比较接近，由于双入口油焦浆喷射器头部喷孔空间也较大，同样不会发生固体颗粒物的堆积。双入口油焦浆喷射器头部在对称面左侧密封锥面上的台阶处的石油焦固体颗粒的最大体积分数为 0.202，与双入口传统喷油器头部在该处的石油焦固体颗粒的最大体积分数 0.205 一样小，因而该处不容易发生固体颗粒物的堆积。在右侧放大图中，双入口传统喷油器和油焦浆喷射器头部喷孔与密封锥面之间的石油焦固体颗粒的最大体积分数都约为 0.21，由于密封锥面的间隙小，也是比较容易发生颗粒物堆积的地方。

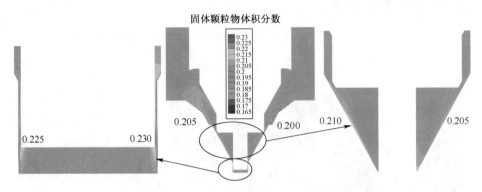

（a）双入口传统喷油器头部（入口处石油焦固体颗粒的体积分数为0.2）

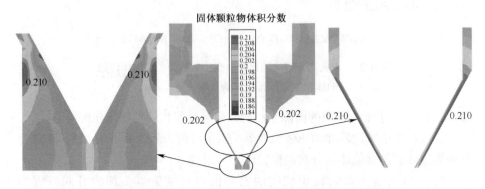

（b）双入口油焦浆喷射器头部（入口处石油焦固体颗粒的体积分数为0.2）

图 6.23　双入口传统喷油器和油焦浆喷射器头部固体
颗粒的物体积分数分布（针阀升程为 0.2 mm）

　　双入口传统喷油器和油焦浆喷射器头部的针阀升程为 0.2 mm 时，入口处石油焦固体颗粒其他体积分数的模拟结果见附录 H。

　　图 6.24 所示是双入口传统喷油器和油焦浆喷射器头部的针阀升程为 0.3 mm，入口处石油焦颗粒在油焦浆中的体积分数为 0.2，双入口传统喷油

器和油焦浆喷射器头部固体颗粒物的体积分数分布情况。由图 6.24 可知，在双入口传统喷油器头部中，石油焦固体颗粒物的最大体积分数在轴针与喷孔形成的狭窄间隙处为 0.22，与单入口传统喷油器喷嘴在该处的石油焦固体颗粒的最大体积分数 0.218 稍高，这时喷孔处也容易发生石油焦固体颗粒物的堆积。双入口油焦浆喷射器头部喷孔处的石油焦固体颗粒的最大体积分数为 0.204，与单入口油焦浆喷油器头部喷孔处的固体颗粒物的最大体积分数比较接近，由于双入口油焦浆喷射器头部喷孔空间也较大，同样不会发生固体颗粒物的堆积。双入口油焦浆喷射器头部在对称面左侧密封锥面上的台阶处的石油焦固体颗粒的最大体积分数为 0.2，比双入口传统喷油器头部在该处的石油焦固体颗粒的最大体积分数 0.205 小，因而该处不容易发生固体颗粒物的堆积。在右侧放大图中，双入口传统喷油器和油焦浆喷射器头部喷孔与密封

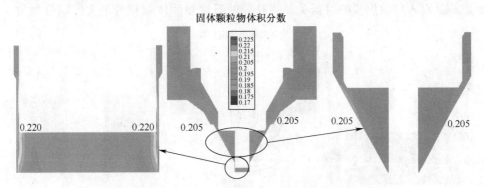

（a）双入口传统喷油器头部（入口处石油焦固体颗粒的体积分数为0.2）

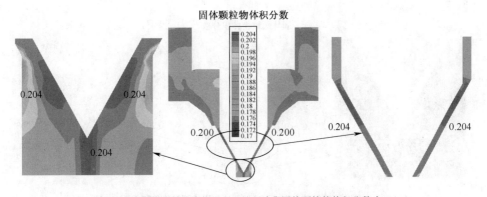

（b）双入口油焦浆喷射器头部（入口处石油焦固体颗粒的体积分数为0.2）

图 6.24 双入口传统喷油器和油焦浆喷射器头部固体
颗粒物的体积分数分布（针阀升程为 0.3 mm）

锥面之间的石油焦固体颗粒的最大体积分数分别为0.205和0.204，与针阀升程为0.2 mm时相比有所降低，可能是由于密封锥面的间隙加大，因而发生颗粒物堆积的可能性也下降。

双入口传统喷油器和油焦浆喷射器头部的针阀升程为0.3 mm时，入口处石油焦固体颗粒其他体积分数的模拟结果见附录 I。

图6.25所示为双入口传统喷油器和油焦浆喷射器头部的针阀升程为0.4 mm，入口处石油焦颗粒在油焦浆中的体积分数为0.2，双入口传统喷油器和油焦浆喷射器头部固体颗粒物的体积分数分布情况。由图6.25可知，在双入口传统喷油器头部中，石油焦固体颗粒物的最大体积分数在轴针与喷孔形成的狭窄间隙处为0.215，与单入口传统喷油器头部在该处的石油焦固体颗粒的最大体积分数0.218稍低，这时喷孔处仍容易发生石油焦固体颗粒物的堆积。双入口油焦浆喷射器头部喷孔处的石油焦固体颗粒的最大体积分数为

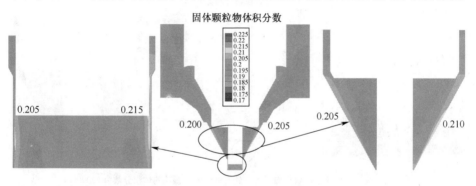

（a）双入口传统喷油器头部（入口处石油焦固体颗粒的体积分数为0.2）

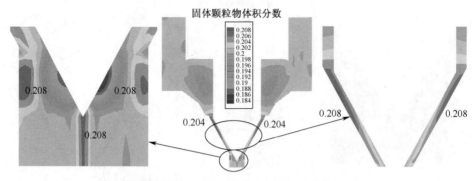

（b）双入口油焦浆喷射器头部（入口处石油焦固体颗粒的体积分数为0.2）

图6.25　双入口传统喷油器和油焦浆喷射器头部固体
颗粒物的体积分数分布（针阀升程为0.4 mm）

0.208，与单入口油焦浆喷油器头部喷孔处的固体颗粒物的最大体积分数 0.206 比较接近，由于双入口油焦浆喷射器头部喷孔空间也较大，同样不会发生固体颗粒的物的堆积。双入口油焦浆喷射器头部在对称面密封锥面上的左右台阶处的石油焦固体颗粒的最大体积分数为 0.204，与双入口传统喷油器头部在该处的石油焦固体颗粒的最大体积分数 0.205 小，该处也不容易发生固体颗粒物的堆积。在右侧放大图中，双入口传统喷油器和油焦浆喷射器头部喷孔与密封锥面之间的石油焦固体的颗粒最大体积分数分别为 0.21 和 0.208，但是由于密封锥面的间隙随着针阀升程的增加而加大，因而发生颗粒物堆积的可能性仍下降。

双入口传统喷油器和油焦浆喷射器头部的针阀升程为 0.4 mm 时，入口处石油焦固体颗粒其他体积分数的模拟结果见附录 J。

图 6.26 所示为双入口传统喷油器和油焦浆喷射器头部的针阀升程为 0.5 mm，

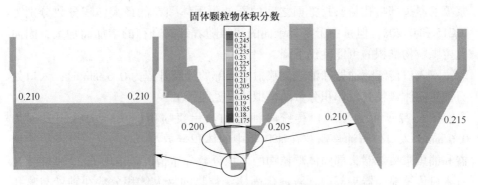

（a）双入口传统喷油器头部（入口处石油焦固体颗粒的体积分数为0.2）

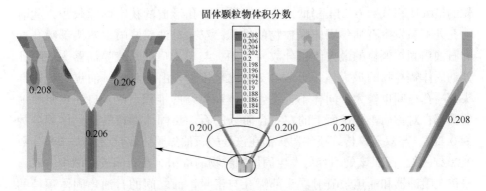

（b）双入口油焦浆喷射器头部（入口处石油焦固体颗粒的体积分数为0.2）

图 6.26　双入口传统喷油器和油焦浆喷射器头部固体
颗粒物的体积分数分布（针阀升程为 0.5 mm）

入口处石油焦颗粒在油焦浆中的体积分数为 0.2，双入口传统喷油器和油焦浆喷射器头部固体颗粒物的体积分数分布情况。由图 6.26 可知，在双入口传统喷油器头部中，石油焦固体颗粒物的最大体积分数在轴针与喷孔形成的狭窄间隙处为 0.21，与单入口传统喷油器头部在该处的石油焦固体颗粒的最大体积分数 0.22 稍低，由于喷孔与轴针的狭窄间隙仍存在，因而仍然会在该处发生石油焦固体颗粒物的堆积。双入口油焦浆喷射器头部喷孔处的石油焦固体颗粒的最大体积分数为 0.208，与单入口油焦浆喷油器头部喷孔处的固体颗粒物的最大体积分数 0.212 稍低，由于双入口油焦浆喷射器头部喷孔空间也较大，同样不会发生固体颗粒物的堆积。双入口油焦浆喷射器头部在对称面密封锥面上左右的台阶处的石油焦固体颗粒的最大体积分数为 0.2，与双入口传统喷油器头部在该处的石油焦固体颗粒的最大体积分数 0.205 小，因而该处不容易发生固体颗粒物的堆积。在右侧放大图中，双入口传统喷油器和油焦浆喷射器头部喷孔与密封锥面之间的石油焦固体颗粒的最大体积分数分别为 0.215 和 0.208，但是由于密封锥面的间隙随着针阀升程的增加而加大，因而发生颗粒物堆积的可能性仍下降。

　　双入口传统喷油器和油焦浆喷射器头部的针阀升程为 0.6 mm 时，入口处石油焦固体颗粒其他体积分数的模拟结果见附录 L。

　　图 6.27 所示为双入口传统喷油器和油焦浆喷射器头部的针阀升程为 0.6 mm，入口处石油焦颗粒在油焦浆中的体积分数为 0.2，双入口传统喷油器和油焦浆喷射器头部固体颗粒物的体积分数分布情况。由图 6.27 可知，在双入口传统喷油器头部中，石油焦固体颗粒物的最大体积分数在轴针与喷孔形成的狭窄间隙处为 0.208，与单入口传统喷油器头部在该处的石油焦固体颗粒的最大体积分数 0.214 稍低，这时轴针与喷孔形成的狭窄间隙较短，此时喷孔处不易发生石油焦固体颗粒物的堆积。双入口油焦浆喷射器头部喷孔处的石油焦固体颗粒的最大体积分数为 0.21，与单入口油焦浆喷油器头部喷孔处的固体颗粒物的最大体积分数 0.212 比较接近，由于双入口油焦浆喷射器头部喷孔空间也较大，同样不会发生固体颗粒物的堆积。双入口油焦浆喷射器头部在对称面密封锥面上的左右台阶处的石油焦固体颗粒的最大体积分数为 0.202，与双入口传统喷油器头部在该处的石油焦固体颗粒的最大体积分数 0.202 一致，因而该处不容易发生固体颗粒物的堆积。在右侧放大图中，双入口传统喷油器和油焦浆喷射器头部喷孔与密封锥面之间的石油焦固体颗粒的最大体积分数都为 0.208，但是由于密封锥面的间隙随着针阀升程的增加而进一步加大，因而发生颗粒物堆积的可能性仍下降。

　　双入口传统喷油器和油焦浆喷射器头部的针阀升程为 0.6 mm 时，入口处石油焦固体颗粒其他体积分数的模拟结果见附录 L。

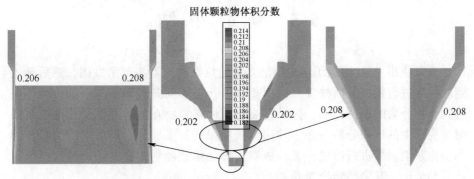

（a）双入口传统喷油器头部（入口处石油焦固体颗粒的体积分数为0.2）

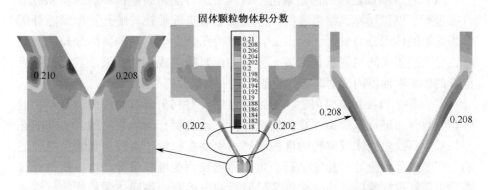

（b）双入口油焦浆喷射器头部（入口处石油焦固体颗粒的体积分数为0.2）

图 6.27　双入口传统喷油器和油焦浆喷射器头部固体颗粒物的体积分数分布
（针阀升程为 0.6 mm）

　　从以上模拟结果可以看出，双入口传统喷油器和油焦浆喷射器头部喷孔与密封锥面处的石油焦固体颗粒物的最大体积分数分布没有得到明显的降低，只是双入口油焦浆喷射器头部对称面左侧密封锥面上台阶处的石油焦固体颗粒物的最大体积分数降低比较明显，也就是在双入口油焦浆喷射器头部密封锥面上的台阶处不容易发生石油焦固体颗粒物的堆积沉淀。从单入口油焦浆喷射器喷嘴试验结果来看，主要就是在单入口油焦浆喷射器喷嘴密封锥面上与高压油焦浆入口相对的台阶处有大量石油焦固体颗粒的堆积，在模拟结果中就是在单入口油焦浆喷射器头部左侧密封锥面上的台阶处石油焦固体颗粒物的最大体积分数较大，表明该处容易发生固体颗粒物的堆积，模拟与试验结果正好相符。从双入口油焦浆喷射器头部的模拟结果来看，双入口油焦浆喷射器头部密封锥面上的台阶处石油焦固体颗粒物的最大体积分数明显减小，因而双入口油焦浆喷射器喷嘴具有改良的效果。

6.5 本章小结

本章使用 CAD 绘制了传统喷油器和油焦浆喷射器头部示意图，然后导入到软件中进行建模及前处理，再用软件进行了不同升程和不同石油焦固体颗粒的体积分数的模拟计算，分析石油焦固体颗粒物在传统喷油器和油焦浆喷射器头部中的体积分数分布，并用试验结果进行了验证。最后对传统喷油器和油焦浆喷射器进行改进，设计成双入口油焦浆喷射器，并同样进行了模拟计算和分析。其主要结论如下：

（1）传统喷油器喷射油焦浆时，对其头部石油焦固体颗粒物的体积分数分布进行了模拟计算，结果表明，传统喷油器头部轴针与喷孔狭窄间隙处固体颗粒物的体积分数最大，因而最容易在喷孔处发生石油焦固体颗粒物的堵塞，导致油焦浆的喷射雾化变差，甚至油焦浆喷射成柱状或液滴状。试验后剖开的传统喷油器内部情况正好验证了这一模拟计算结果。

（2）单入口油焦浆喷射器喷射油焦浆时，对其头部石油焦固体颗粒物的体积分数分布进行了模拟计算，模拟计算结果表明，油焦浆喷射器头部喷孔不易发生石油焦固体颗粒物的堆积堵塞，主要在相对于高压油焦浆入口处的油焦浆槽底部台阶处容易发生石油焦固体颗粒物的堆积沉淀。这一模拟计算结果也正好被试验后剖开的油焦浆喷射器的内部石油焦固体颗粒物的沉淀堆积情况验证。

（3）进行了双入口传统喷油器和油焦浆喷射器头部模拟计算，结果表明，双入口传统喷油器头部石油焦固体颗粒物的体积分数分布没有明显改善。但是，双入口油焦浆喷射器头部油焦浆槽底部台阶处的石油焦固体颗粒的体积分数分布明显降低，这可以推测在双入口油焦浆喷射器头部中油焦浆槽底部台阶处不易发生固体颗粒物的堆积沉淀，较单入口油焦浆喷射器喷嘴在该处的固体颗粒的堆积沉淀情况得到明显改善。

■ 第 7 章 ■

油焦浆在压燃式内燃机中的应用研究结论

本书针对长期困扰各国经济发展的重大问题——内燃机替代燃料问题，开展了油焦浆直接在柴油机应用中的相关关键技术研究。为了解决油焦浆内燃机燃油供给系统所出现的问题，研究开发了油焦浆燃料供给系统。通过在 R180 型柴油机上安装油焦浆燃料供给系统，将柴油机改装为油焦浆发动机。在空载条件下，进行了油焦浆发动机燃烧油焦浆的试验，并与原机在空载条件下燃烧柴油的排放特性进行了对比。接着进行了油焦浆发动机的台架试验，对油焦浆发动机的负荷特性、排气中各气体成分及颗粒排放物的特性进行了研究，并与原机进行了对比。为了弄清楚传统喷油器容易被堵塞以及油焦浆喷射器不易被堵塞的原因，最后对传统轴针式喷油器和油焦浆喷射器头部中固体颗粒物的体积分数分布进行了模拟计算。本书的主要研究内容和取得的主要结论可归纳为以下五个方面。

（1）油焦浆直接在传统 R180 柴油机中燃烧，柴油机运转极不稳定，工作非常粗暴，运行大约 30 min 就会自动熄火。通过理论分析、试验和实物解剖，初步查明了这种现象产生的原因。其原因有两方面：一是传统柴油机燃油供给系统中的柱塞式喷油泵柱塞和柱塞套的配合间隙堆积了大量的石油焦固体颗粒，柱塞被卡死在柱塞套中，不能上下往复运动和左右旋转；二是传统轴针式喷油器喷孔周围结焦严重，针阀被卡死在针阀体中不能拔出。将针阀体偶件剖开后发现轴针与喷孔的环形截面间隙、针阀体中的盛油槽以及针阀与针阀体的配合间隙中堆积了大量石油焦固体颗粒。由于传统柴油机燃油供给系统中喷油泵与喷油器的偶件间隙很小，高压油焦浆渗透进入间隙不能及时排出，导致固体颗粒堆积得越来越多，燃油系统被堵塞不能泵送和喷射燃料，发动机自动熄火。

（2）针对油焦浆直接在传统柴油机中燃烧所出现的问题，在传统柱塞式喷油泵和轴针式喷油器的基础上开发了油焦浆泵（授权国家发明专利 ZL200910238529.6）和油焦浆喷射器（授权国家发明专利 ZL200910238530.9），以及用于清洗和润滑油焦浆泵与油焦浆喷射器的清洁润滑系统（授权实用新型专利 ZL201020212840.1）。油焦浆泵的特点是在柱塞式喷油泵的柱塞套内腔中有一圆环形槽，与柱塞一起形成润滑油腔，使通过柱塞与柱塞套间隙渗透进入润滑油腔的高压油焦浆随着循环流动的润滑油流出泵体，从而避免了石油焦固体颗粒在柱塞与柱塞套的配合间隙中堆积。油焦浆喷射器的特点是在传统轴针式喷油器的针阀体内腔中有一圆环形槽，与针阀一起形成润滑油腔，使通过针阀与针阀体间隙渗透进入润滑油腔的高压油焦浆随着循环流动的润滑油流出喷射器体，避免了石油焦固体颗粒在针阀与针阀体的配合间隙中堆积。油焦浆喷射器中针阀最前端为锥尖形，增大了与喷孔的间隙；针阀承压面为圆环形，增加了盛油槽的空间，这些措施避免了石油焦固体颗粒的堵塞。

（3）通过油焦浆发动机空载条件下的试验，发现油焦浆发动机燃烧油焦浆运转平稳，油焦浆燃料供给系统没有出现堵塞卡死的现象。油焦浆发动机燃烧油焦浆的 HC 和 CO 排放量在各转速下低于原机燃烧柴油的排放量，在转速低于 1 500 r/min 时油焦浆发动机燃烧油焦浆的 NO_x 排放量稍低于原机燃烧柴油的排放量；转速在 1 500～2 100 r/min 时油焦浆发动机的 NO_x 排放量稍高于原机燃烧柴油的排放量，转速高于 2 100 r/min 时二者比较接近。在排气烟度方面，转速低于 2 300 r/min 时油焦浆发动机燃烧油焦浆的排放烟度大于原机燃烧柴油的排放烟度，转速高于 2 300 r/min 时油焦浆发动机的排放烟度反而小于原机燃烧柴油的排放量。通过油焦浆发动机带有负荷的台架试验发现，在 1 200 r/min、1 600 r/min 和 1 800 r/min 三种转速下，油焦浆发动机燃烧油焦浆的燃料消耗率、燃料能耗率和排气温度高于原机燃烧柴油的，有效热效率低于原机燃烧柴油的。在 1 200 r/min、1 600 r/min 和 1 800 r/min 转速下，油焦浆发动机燃烧油焦浆时最大输出功率比原机燃烧柴油时分别下降了约 6.2%、19% 和 21%，排气温度平均升高了约 5.3%、19.1% 和 34.2%。另外，油焦浆发动机燃烧油焦浆的最大转矩也比原机燃烧柴油的降低了。油焦浆发动机燃烧油焦浆后排气中 HC 的体积分数在 1 200 r/min 时比原机燃烧柴油的低，转速在 1 600 r/min 和 1 800 r/min 时二者比较接近；油焦浆发动机燃烧油焦浆后排气中 CO 的体积分数在三种转速下和原机燃烧柴油的相近；油焦浆发动机燃烧油焦浆后排气中 NO_x 的体积分数在三种转速下比原机燃烧柴油的低；油焦浆发动机燃烧油焦浆后排气中 CO_2 的体积分数在三种转速下比原机燃烧柴油的高；油焦浆发动机燃烧油焦浆后排气中 O_2 的体积分数在三种转速下比原机燃烧柴油的低。油焦浆发动机燃烧油焦浆的排气烟度在 1 200 r/min 时与原机燃烧柴油的排气烟度比较接近，转速在 1 600 r/min 和 1 800 r/min 时比原机燃烧柴油的排气烟度高。

（4）采用扫描电镜、能谱分析和热重分析方法对油焦浆发动机排放颗粒物进行了形貌特征、元素组成和成分等分析。结果发现油焦浆发动机排气中的颗粒物主要由没完全燃烧的石油焦颗粒和少量吸附在其表面的没有完全氧化的 HC 化合物组成，且颗粒物排列比较稀疏，其粒径比制备油焦浆的石油焦颗粒稍大，小于柴油机排气中的颗粒物。柴油机排气中的颗粒物吸附了较多的没完全燃烧的 HC 化合物，且排列得比较紧密。油焦浆内燃机排气中的颗粒物表面 C、O 和 S 三种主要元素含量与柴油燃烧产生的颗粒物表面三种元素含量比较接近。但是，油焦浆发动机排气中的颗粒物表面 C 和 S 元素含量比制备油焦浆用的石油焦颗粒低，O 元素含量比制备油焦浆用的石油焦颗粒高。油焦浆发动机排气中的颗粒物中挥发分含量高于制备油焦浆用的石油焦颗粒，但低于柴油机排气中的颗粒物；固定碳含量低于制备油焦浆用的石油焦颗粒，但高于柴油机排气中的颗粒物。另外，油焦浆发动机排气中的颗粒物中固定碳着火和燃尽温度与柴油机排气中的颗粒物中的固定碳比较接近，但都高于制备油焦浆用的石油焦颗粒中固定碳着火和燃尽温度。

（5）对传统轴针式喷油器和油焦浆喷射器头部石油焦固体颗粒物的体积分数分布进行了模拟研究。使用软件对传统轴针式喷油器和油焦浆喷射器头部分别建立模型，使用软件对两种模型进行模拟计算。计算结果表明，传统轴针式喷油器最容易在喷孔处发生石油焦固体颗粒物的堵塞；单入口油焦浆喷射器喷孔不易发生石油焦固体颗粒物的堆积堵塞，主要在相对于高压油焦浆入口处的油焦浆槽底部台阶处容易发生石油焦固体颗粒物的堆积沉淀；双入口油焦浆喷射器油焦浆槽底部台阶处的石油焦固体颗粒的体积分数分布明显降低，油焦浆槽底部台阶处不易发生固体颗粒堆积沉淀，较单入口油焦浆喷射器喷嘴在该处的固体颗粒物的堆积沉淀情况得到了明显改善。

第8章

液体代用燃料在压燃式内燃机中的应用研究概述

8.1 研究背景及意义

改革开放以来，我国的经济得到了飞速发展，人民生活水平不断提高，汽车越来越多地走入寻常百姓家。近年来，中国汽车保有量持续增长，依照最新的数据显示，截至 2016 年底，我国汽车保有量已经突破了 1.94 亿辆，依此发展速度，预计 2020 年我国汽车保有量将突破 2 亿辆。图 8.1 所示为 2016 年我国汽车保有量位居前十名的城市，其汽车保有量均超过 200 万辆。虽然汽车的迅速普及给人们的生产生活带来了诸多的便利，但却造成了化石燃料大量消耗、生态环境不断恶化。

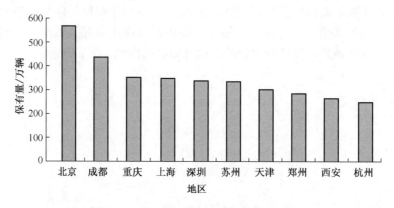

图 8.1　2016 年汽车保有量全国前十城市

众所周知，能源是人类生存和社会进步的物质基础，是国家繁荣富强的切实保障，具有重要的政治和经济战略意义。化石能源是有限的、不可再生的自然资源，能源匮缺已经成为制约我国经济可持续发展的重要因素。根据世界已探明的能源储量，依照全球对化石燃料的消耗速度来计算，石油尚可供人类使用45~50年。

同时，由于汽车保有量的不断增长，汽车尾气已成为大气污染的主要来源。汽车日渐成为移动的污染源，其有害排放物会产生温室效应，形成雾霾，等等。因此，竭力实现经济发展与生态保护的双赢刻不容缓。

为了保障汽车行业持续、高效、有序地发展，国内外学者着力于研究环保型代用燃料。其意义不仅可以缓解内燃机对化石燃料的依赖，同时也能降低内燃机排气污染。目前，代用燃料主要包括天然气、液化石油气、生物燃料、醇类燃料、二甲醚、氢燃料等。近年来，生物柴油以其优越的环保性和可再生性受到国内外学者的广泛关注，并在全球范围内得到了迅猛发展[117-121]。

8.2　生物柴油的发展现状与优势

▌8.2.1　生物柴油的特点及制取方法

生物柴油是指以油料植物、动物油脂、餐饮废油或工程微藻等水生植物油脂为原料，通过酯交换反应生成的一种燃料。生物柴油直接或间接来源于生物，其性质与石化柴油十分接近，可作为石化柴油的替代燃料直接用于柴油机发动机，也能以任何掺混比作为添加剂与石化柴油配比使用。

生物柴油的发展更迭了三代，通常将第一代生物柴油的制取方法分成两类：物理法与化学法。物理法包含微乳液法与直接混合法，化学法包含裂解法与酯交换法。我国目前普遍运用酯交换法获取生物柴油，即利用植物油酯、动物油脂、地沟油等原料中的脂肪酸甘油三酯在酸、碱或酶等催化剂的催化作用下，与甲醇或乙醇等低碳醇进行酯交换，形成脂肪酸单质。

在第一代的基础上，第二代生物柴油采用动植物油脂催化加氢的方式，改变油脂的分子结构，使其转化为柴油的异构烷烃。相较于第一代生物柴油，第二代生物柴油与石化柴油的分子结构更加相近，具备较低的密度和黏度，优良的低温流动性，其十六烷值较高，浊点较低。当环境温度较低时，也能够与石化柴油以任何配比混合使用，大大拓宽了使用范围。

实际中，随着生物柴油需求量的连续攀升，传统生物柴油生产方式的弊端日益凸显，出现了与人类争油的局面。因此，第三代生物柴油着力攻克生产原料的局限性，缩减原料成本，扩展了原料的选取范围，从之前的菜籽油、棕榈油、地沟油等动植物油脂扩展到具有高纤维素含量的微生物油脂和非油脂类生物质。目前，第三代生物柴油仍处在试验攻坚阶段，第二代生物柴油技术已然实现了工业量产，第一代生物柴油生产工艺已经基本成熟，并得到了广泛应用[123-129]。

■ 8.2.2　生物柴油的优势

大力发展生物柴油对减缓全球能源危机、降低环境污染、促动能源替代、加速经济可持续发展，具有重要的战略意义。

（1）生物柴油由可再生资源制取，属于绿色、清洁燃料，随着生物柴油的普遍生产和利用，能够显著降低化石燃料的开掘和消耗，有效抑制对生态环境的过度破坏，大大改善全球能源紧缺的现状。

（2）化石燃料燃烧后排放的二氧化硫是酸雨形成的重要因素，酸雨严重危害生态环境，因此，化石燃料脱硫一直是棘手的难题。而生物柴油几乎不含硫，有效地避免了酸雨造成的自然灾害。

（3）生物柴油芳香烃含量极少，减小了燃烧排气中有机污染物的排放，降低了对人体的致癌风险。

（4）生物柴油十六烷值高，分子中含氧量高，有助于燃烧，其燃烧特性优于石化柴油，且燃烧残存物呈弱酸性，提高了柴油机机油和催化剂的使用期限。

（5）生物柴油具备优良的生物降解性和环境友好性，极易被环境中的微生物分解利用，不会污染生态环境。

（6）生物柴油制取过程中生成的甘油、油酸等副产品具有一定的经济、市场效益。

（7）使用生物柴油，资金耗费较少，基本不需要改造汽车原有的发动机、保养设备、储存设备等，加油站等基础设施也无须大规模改造，应用推广十分便捷[130-132]。

■ 8.2.3　以地沟油制取生物柴油的意义

第一代生物柴油可以由各种动植物的油脂酯化得到，因此，世界各国根据各自的地理特色与生活习俗选择不同的生产原料。目前所采用的主要原料有大豆油、菜籽油、棕榈油、棉籽油、蓖麻籽油、麻风树油、亚麻籽油、玉米油、地沟油等。欧盟国家主要以菜籽油为制取原料，美国主要以大豆油为生产原料，马来西亚主要使用棕榈油，巴西主要使用蓖麻油，韩国主要使用菜籽油。因为生物资源比较稀缺，日本选用煎炸油为制备原料。

我国居民的饮食习惯多以炒、煎、炸为主，产生了大量的烹调废油、煎炸油及泔水油，也就是俗称的地沟油。地沟油是当今社会的一大毒瘤，其被很多不法商贩经过脱色、脱酸、脱臭这些简单的工艺处理后作为食用油重新流回餐桌。地沟油中蕴含大量的污垢、细菌、毒素和致癌物质，长期食用会对人体健康造成极大的伤害，易患消化不良、发育障碍、白血病、中毒性肾病等，甚至致癌。

地沟油除了自身所含的污染物质之外，因其加工过程的不规范性，其所含的化学物质也是其毒性的重要来源。地沟油中胆固醇、饱和脂肪酸的含量较高，若频繁食用将会危害人体的心脑血管，大大加重患冠心病的风险。当环境温度较高时，地沟油易发生水解酸败，生成的游离脂肪酸富含浓烈的细胞毒性，当血液中的游离脂肪酸浓度高于标准限度值后，会危害人体的组织细胞，诱发多种疾病。

地沟油不仅危害人体健康，而且污染生态环境。地沟油流入河流会造成水体污染，导致水体富营养化，细菌、害虫恣意繁衍，恶臭熏天，鱼、虾因缺氧而大面积死亡。

我国地沟油的来源很广，根据来源的差异大致分为三类：一是餐饮业在日常运营过程中产生的烹饪废油，二是每个家庭在日常生活中产生的废弃油脂，三是副食业在食品加工过程中产生的煎炸油。其次，我国地沟油的产量很大，据估计，我国每年的食用油消耗总量约为 2 250 万 t，其中的 15%（约 337 万 t）成为地沟油。因此，地沟油无疑是我国制取生物柴油最恰当的原料。

选用地沟油来制取生物柴油，环保而廉价，且原料充沛，既能有效地避免地沟油再度混进食物链，危害人体健康，也能实现地沟油的再生规模化利用，良好地遏制了地沟油对生态环境造成的污染，一本万利，意义深远，使地沟油变废为宝[133-141]。

8.3　柴油机排放的颗粒物的特点及生成机理

■ 8.3.1　柴油机排放的颗粒物的组成和分类

虽然大力推广生物柴油对减缓能源枯竭、降低环境污染有着重要的社会效益和现实意义，但不容置辩的是：生物柴油燃烧后排放的颗粒物是大气污染的重要来源之一，而且也会对人体健康造成重大的伤害[141]。

柴油机排气颗粒物主要包括固态碳烟（soot）、有机可溶成分（SOF）及无机物等。碳烟通常是无数个碳质微球的积聚体。有机可溶组分主要是由未燃碳氢化合物、多环芳烃（PAHs）及其衍生物、含氧有机物（酮类、醛类、酯类、有机酸类）等组成的复杂混合物。无机物主要为硫酸盐、Fe、Zn、Ca、Si 等元素的化合。

通常，按颗粒物的粒径大小分为核态颗粒物和聚集态颗粒物。核态颗粒物通常粒径较小，包含较小直径的碳烟粒子、有机可溶组分及无机物等，粒径一般小于 50 nm。聚集态颗粒物的粒径较大，主要由积聚形态的碳烟及其凝聚物、吸附物构成，粒径一般大于 50 nm[142-144]。

■ 8.3.2 柴油机颗粒物的生成机理

在柴油机中，燃料在高温、局部缺氧的燃烧条件下会生成大量的碳烟微粒及挥发性有机物，通过微粒间相互作用力的作用，发生冷凝、吸附、聚合和积聚等复杂的物理与化学反应过程，最终形成颗粒物，如图 8.2 所示。

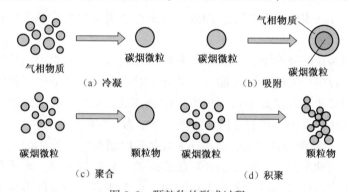

图 8.2　颗粒物的形成过程

冷凝是气相物质向固相物质转变的过程，冷凝过程会增加碳烟微粒的粒径，引起碳烟微粒的生长，但不生成新的物质。

吸附是发生在气相物质和固相物质交界面上的反应过程。固相物质因其表面存在过剩的能量，可以吸附环境中的气相物质。因此，碳烟微粒表面通过物理作用力（范德华力）和化学作用力（化学键力）黏附未燃的碳氢化合物、有机物分子等。

碳烟微粒之间通过聚合和积聚组合成新的颗粒物，聚合和积聚是两种不同的反应过程：聚合过程是较小的碳烟微粒在无规则运动的过程中，通过相互碰撞，形成较大的碳烟微粒，在聚合过程中，碳烟微粒间不仅仅是单一的物理碰撞，同时也会发生化学反应。而积聚过程是较小的碳烟微粒通过物理碰撞过程相互黏结、聚集在一起，最终形成团状、链状、簇状等结构的颗粒物。碳烟微粒发生聚合、积聚后，各微粒成分相互混合，微粒的数量浓度减小、平均粒径增大、体积增加。

通常认为，颗粒物的形成过程主要包含碳烟微粒的生成和碳烟微粒的生长这两大阶段：

（1）碳烟微粒的生成阶段。燃料分子通过氧化或热解诱导出不饱和烃类、多环芳烃、乙炔及其同系物 C_nH_{2n-2} 等此类碳烟微粒的前驱体，在低温非火焰区通过冷凝、聚合等反应过程，缓慢形成碳烟微粒；而在高温缺氧区，混合气太浓，含碳量高，气相的燃油分子迅速裂解及脱氢，形成碳烟晶核，碳烟晶核通过不断聚合和积聚，生成大量的碳烟微粒。两个区域的反应同时存在，但生成的碳烟微粒主要来自高温缺氧区。

（2）碳烟微粒的生长阶段。一方面，碳烟微粒通过吸附周围的气相物质增大自身的质量；另一方面，碳烟微粒通过聚合和积聚过程增大体积与粒径，形成颗粒物[145-147]。

8.3.3　柴油机颗粒物的危害

柴油机排放的颗粒物极度损害人体健康和生态环境。颗粒物具备强劲的病毒、细菌携带能力，其表面往往富集着有毒重金属、致癌物质等复杂的混合物。颗粒物很容易顺着呼吸道侵入人的肺部，从而导致各类疾病。随着颗粒物粒径变小，其比表面积反而增大，更容易穿透人体的防御系统。

长时间吸入大量的颗粒物会引起多种呼吸系统疾病，如上呼吸道感染、鼻炎、慢性支气管炎、尘肺，甚至肺癌等。此外，如果人长久地吸入较高浓度的颗粒物，会诱发血栓。颗粒物也是引发心脏病的重要致病因子，会造成心率、血黏度异常，使人更容易突发心肌梗死，对年迈人群的身体健康影响尤为显著。

学者们还发现，人类生殖功能病变也与颗粒物的污染紧密相关。颗粒物上吸附的多环芳烃对人体健康的威胁巨大，可以致癌、致残、致基因突变，其致病作用强于颗粒物中的其他组分。研究指出：高浓度的颗粒物将导致胎儿畸形、先天性功能缺陷、新生儿死亡率攀升等。

颗粒物对生态环境的危害主要表现在能见度的降低，此外还会影响市容市貌，污染植被和建筑物。空气中悬浮的颗粒物会对光线产生散射作用，使观察对象与背景之间的区分度大大减弱，致使能见度减小。此外，由于颗粒物含有碳烟，碳元素具有较强的消光效应，空气中悬浮的含碳颗粒物能够吸收大量的光线，致使光强降低。

颗粒物按照空气动力学等效直径 D_p 的大小可分为超细颗粒物（UFPs，$D_p \leqslant 100$ nm）、细颗粒物（$PM_{2.5}$，$D_p \leqslant 2.5$ μm）、可吸入颗粒物（PM_{10}，

$D_p \leq 10~\mu m$）和总悬浮颗粒物（TSP，$D_p \leq 100~\mu m$）。最近几年，我国的大气污染日益恶化，各大城市屡次爆发大范围的雾霾事件，激起了社会的强烈反响和高度警觉。

雾霾的主要成分是 $PM_{2.5}$ 和 PM_{10}。首先，雾霾天气不但会给人的身体健康带来极大的伤害，而且也会摧残人的心理健康，使人心烦气躁、精神不振等。其次，雾霾天气极易引发交通事故，造成社会秩序紊乱，影响人们的安全出行。因此，世界各国纷纷先后将 PM_{10}、$PM_{2.5}$ 纳入强制性监测指标。

1997 年，美国环保局首先提出 $PM_{2.5}$ 的标准并纳入到《国家环境空气质量标准》的提案中。2012 年 2 月，中国环保部门将 $PM_{2.5}$ 浓度限值加入到新修正的《环境空气质量标准》中，新标准于 2016 年在全国领域内全面推行。通常，人体自身结构无法抵御 $PM_{2.5}$ 的侵入，这类细颗粒物粒径小、质量轻、在大气中悬浮的时间长，可通过人体的下呼吸道直接进入肺泡，对人体健康的威胁巨大[148-152]。

8.4 国内外研究现状

▌8.4.1 国外研究现状

面对日益严重的空气污染问题和肺癌的高发病率，国外的学者不仅针对柴油机燃用生物柴油颗粒物的排放特性开展了深入的台架试验研究，而且也对整车燃用生物柴油道路运行工况的颗粒物排放特性进行了研究，旨在更好地控制颗粒物的产生。

西班牙学者 Barrios[154] 等人进行了柴油车燃用地沟油生物柴油与柴油混合燃料的城市道路驾驶试验，采用 EEPS 发动机排气微粒筛选分析仪测量颗粒物总粒子数量。研究发现，当地沟油生物柴油的混合比为 10%～25%时，混合燃料颗粒物的总数量与纯柴油相近；当地沟油生物柴油的混合比大于 30%后，颗粒物总数量开始有了较大程度的降低。

美国学者 Xue[155] 综合分析了生物柴油对发动机排放及性能的影响，发现燃用生物柴油会减低一氧化碳、碳氢化合物、碳烟的排放，但同时也降低了发动机功率，增加了油耗量和碳氢化合物的排放。生物柴油制取原料的不同对发动功率的影响不大。

希腊学者 Giakoumis[156] 等在一台涡轮增压柴油机上进行了燃烧生物柴油与石化柴油的瞬态工况对比试验。研究发现，燃烧生物柴油时，颗粒物总数量有所抑制，但其排放的颗粒物中有机可溶组分的含量高于石化柴油。瞬态工况下，生物柴油对其颗粒物数量浓度及平均粒径的影响没有一致的变化趋势。

澳大利亚学者 Rahman[157] 等运用 TSI 粉尘测定仪、SMPS 扫描电迁率粒径谱仪研究了超低硫柴油、菜籽油生物柴油、地沟油生物柴油 $PM_{2.5}$ 的排放及颗粒物数量浓度、粒径的变化特性。研究表明，不论发动机处于何种工况，燃用两种生物柴油均可明显减少 $PM_{2.5}$ 的排放，且纯菜籽油生物柴油对 $PM_{2.5}$ 的降低力度比地沟油生物柴油更强。使用菜籽油生物柴油排气颗粒物的数量浓度高于超低硫柴油，而动物油脂生物柴油显著地减少了粒径在 15 nm 以内的颗粒物的数量。

西班牙学者 Bermúdez[158] 等运用 EEPS 发动机排气微粒分析仪分别对燃用菜籽油、棕榈油、大豆油制生物柴油颗粒物排放特性进行了瞬态工况试验。结果表明，在整个城市道路循环中，所有的生物柴油排放的核态颗粒物浓度均增加，菜籽油制生物柴油排放的聚集态颗粒物数量略高于其他种类的燃油。所有燃料颗粒排放物的平均粒径几乎在同一范围内。

新加坡学者 Zhang[159] 等运用 MC5 微量天平及 FMPS（电子低压冲击仪）比较了柴油机分别燃用超低硫柴油以及棕榈油生物柴油、二甘醇二甲醚、碳酸二甲酯、乙二醇二乙酯、丁醇这五种含氧燃料碳质颗粒浓度及粒径分布的不同之处。结果表明，中高负荷时，相比于超低硫柴油，五种含氧燃料均减少了碳质颗粒的质量浓度，其中，丁醇的降低效果最强，二甘醇二甲醚的降低效果最弱。碳质颗粒排放浓度的减小不仅受到氧含量的影响，还受到化学结构和热物理性质的综合影响。

■ 8.4.2　国内研究现状

国内很多高校也对生物柴油燃烧后所排放颗粒物的微观形貌、元素含量、生成规律、粒径分布等特性进行了全面而细致的试验研究。

北京理工大学的王小臣[160] 等运用 ELPI（静电低压撞击仪）研究了柴油机分别燃烧大豆生物柴油与石化柴油排放的颗粒物粒径变化特性，并采用透射电镜和扫描电镜观察了颗粒物的形貌。结果表明，燃烧生物柴油排放出更多、更小的颗粒物，这些颗粒物均由直径为 20~30 nm 的球粒状的碳烟微粒凝聚而成。燃烧石化柴油排放的颗粒物多为链状，而燃用生物柴油排放的颗粒物间排列紧凑，微粒多呈葡萄状、簇状。

江苏大学的梅德清[161] 等采用 PHOEN - TX60S - X 射线能谱仪对豆油生物柴油及 0 号柴油燃烧后的颗粒物进行化学元素分析。发现两者化学元素的最大差异之处是，豆油生物柴油的颗粒物中没有检测到硫元素，但在 0 号柴油的颗粒物中检测到了含量较高的硫元素。说明豆油生物柴油几乎不含硫或含硫量非常低，是一种良好的替代燃料。

清华大学的李莉[162]等对柴油机运转在外特性、负荷特性时，使用 DMS500 快速颗粒光谱仪研究了不同体积混合比的棕榈油生物柴油燃烧后颗粒排放物的特性。结果表明，对于不同体积混合比的生物柴油而言，聚集态颗粒物在质量浓度中占主导。生物柴油的总颗粒数中核态颗粒物居多。生物柴油颗粒物的平均粒径随着掺混比例的升高而降低且小于石化柴油。

北京航空航天大学的李丽君[163]等通过台架试验，运用 DMS5000 快速型微粒光谱仪对比了分别燃用地沟油生物柴油和大豆油生物柴油的颗粒物排放特性。结果显示，燃用两种生物柴油后，颗粒物的质量浓度减小，但数量浓度显著增大；燃用地沟油生物柴油时颗粒物的质量浓度、数量浓度均高于大豆油生物柴油。

吉林大学的 An Puzun[145]等运用 TSI3090 EEPSTM 粒径谱仪，对比了燃用菜籽油生物柴油和 0 号柴油不同配比混合燃料的颗粒物直径，结果表明，生物柴油的颗粒物直径大小呈现双峰分布，且直径较小的核态颗粒物占主导。而石化柴油的颗粒物直径大小呈现单峰分布，且直径较大的聚集态颗粒物大约占粒子总数的 55%。随着生物柴油混合比的增大，颗粒物直径的峰值向小直径转移，核态颗粒物数量增加，直径大于 50 nm 的聚集态颗粒物数量降低。

清华大学的谭吉华[164]等使用 GC/MS 分析仪分别研究了大豆油生物柴油和地沟油生物柴油颗粒物中多环芳烃的排放特性。研究发现，在不同工况下，两种生物柴油的多环芳烃的排放速率与石化柴油相比，均有不同程度的下降，且生物柴油的多环芳烃的平均毒性当量远小于石化柴油。

同济大学的楼狄明[143]等采用 EEPS 颗粒物数量及粒径分析仪，研究了公交车燃用地沟油生物柴油的颗粒物排放特性结果显示，随着车速、加速度的增大，颗粒物数量及质量排放速率均不断升高。不同车速区间内，单位时间颗粒物数量排放的粒径大小为双峰分布。不同加速度区间内，单位时间颗粒物数量排放的粒径大小在减速时为双峰分布，在加速时为单峰分布。

综上所述，燃用生物柴油能够减少颗粒物的毒性，细化颗粒物的粒径。由于其十六烷值较高，基本不含芳香烃，以致燃烧更加完全，碳烟的生成得到抑制。由于其含氧量高，优化了燃烧过程，缓解了颗粒物从核态向聚集态的转化。

国内外的学者针对生物柴油颗粒物的排放特性已经做了大量的研究工作，并取得了丰硕的研究成果，但对于柴油机分别在负荷特性、速度特性下燃烧地沟油生物柴油与石化柴油配比燃料的综合性台架试验研究较少，且对于不同工况下，颗粒物与人体健康最相关的重要指标——肺沉积表面积的研究很少，因此，从这几个方面进行深入研究具有现实意义。

8.5 研 究 内 容

毋庸置疑，发展和推广地沟油生物柴油一举多利，但其燃烧后的排气颗粒物所造成的空气污染是不容忽视的，也是其推广应用的一大阻碍。因此，首先必须弄清发动机燃烧纯地沟油生物柴油颗粒排放物的理化特性，究其原因，为提出控制颗粒物排放的策略提供切实可行的理论依据。

此外，由于使用纯生物柴油将会引起发动机动力性不佳等问题，所以，从柴油机动力性、经济性、排放特性及使用成本多方面综合考虑，使用地沟油生物柴油与石化柴油混合后配比燃料将会大大拓宽其应用前景。从纯燃料到配比燃料，层层深入地进行研究，对比得出一种基于燃料最优配比的方法，改善颗粒物的排放特性。

本书研究的颗粒物主要是燃烧室产生的纳米级颗粒物经高温蒸发后得到的固体颗粒物——碳烟微粒。为了重点剖析碳烟微粒的排放特性，本书从外因和内因两方面同时入手，采取宏观测量与微观扫描相结合的方法展开研究。

（1）通过发动机台架试验，利用 NanoMet3 颗粒物测试系统，测量柴油机不同运行工况、燃料不同配比时，碳烟微粒的数量浓度、质量浓度、平均粒径、肺沉积表面积的变化趋势。

（2）运用烟度计测量排气烟度的大小，使用排气分析仪测量一氧化碳、碳氢化合物、一氧化氮的浓度变化，分析气体排放浓度随碳烟微粒浓度变化的关系。

（3）采用 SEM（扫描电镜）分析地沟油生物柴油与石化柴油碳烟微粒微观形貌的不同之处，全面认识碳烟微粒的粒子排列方式、紧密程度及不同工况下碳烟微粒微观形态的变化趋势。

第 9 章

地沟油生物柴油研究试验系统及研究方案

9.1　柴油机颗粒排放物的主要影响因素

■ 9.1.1　柴油机运行工况的影响

柴油机的运行工况会影响其颗粒物的排放。在高速小负荷时，气缸内燃烧温度略低，可燃混合气较稀，燃烧状况不佳，碳烟微粒迅速冷凝、聚合，颗粒物大量生成，但由于负荷逐渐增大，空燃比减小，燃烧状况得以改善，颗粒物的排放量逐步降低。而在低速大负荷时，气缸内燃烧温度显著上升，可燃混合气变浓，局部空燃比减小，燃油分子迅速裂解、脱氢，碳烟微粒瞬时生成量递增，颗粒物排放量增大。当接近全负荷时，由于气缸内燃烧温度进一步上升，空燃比进一步减小，可燃混合气过浓，碳烟微粒聚合、积聚现象增强，颗粒物排放明显增大。

当小负荷时，转速较高时颗粒物的生成量比转速较低时显著增加。由于小负荷时，气缸内燃烧温度略低，随着转速的不断增加，碳烟微粒氧化过程的时间减小，颗粒物排放量增大。而在大负荷时，随着转速的递增，气缸内燃烧温度迅速升高，可燃混合气流速增强，促进了碳烟微粒的氧化进程，颗粒物排放量相应降低[165-166]。

■ 9.1.2　柴油机喷油参数的影响

若保持其他参数一定，提前喷油或者延迟喷油均可达到降低颗粒物排放的效果。提前喷油可以增大喷油提前角，滞燃期随之延长，气缸内燃烧温度随之上升，燃烧进程加快，颗粒物排放量降低。而延迟喷油是在最小滞燃期之后发生的，气缸内燃烧温度较低，使得颗粒物的排放速率减小。

此外，喷油压力会显著影响柴油机的排气颗粒物。提升喷油压力，使燃料雾化得更为充分，燃料与空气混合得更加均匀，提高了可燃混合气的生成速率，优化了燃烧过程，因此颗粒物的排放量降低。

另外，适量增大空气涡流，能够提高燃料液滴的蒸发速率，增强对空气的卷吸强度，使得燃料与空气充分混合，可燃混合气的浓度更加均匀，减少了颗粒物的排放[166]。

▌9.1.3　柴油机喷油器结构与性能的影响

适当增加喷油器的喷孔数或缩小喷孔的直径能够改善燃料的雾化程度，进一步减小油滴的平均粒径，降低颗粒物的生成。而当喷油器的针阀与阀座之间密封不良，针阀落座缓慢形成滴漏，或发生二次喷射现象时，都会干扰燃料的雾化和混合过程，增加了颗粒物的排放[165]。

9.2　台架试验设计

目前，国内外学者关于柴油机燃用生物柴油碳烟微粒排放特性的试验研究主要包括室内台架试验和室外整车道路运行试验。由于室外试验的偶然性、波动性、随机性都比较大，且资金耗费较多，因此从经济性、稳定性等多方面综合考虑，本书采用室内台架试验。

鉴于碳烟微粒的生成受到柴油机转速、负荷等因素的共同影响，因此本书全面探究柴油机分别运转在负荷特性、速度特性工况时，燃烧地沟油生物柴油、石化柴油及三种不同体积配比燃料 WBD1、WBD2、WBD3 的碳烟微粒排放特性和主要有害气体排放特性。台架试验设计思路如图 9.1 所示。

台架试验的具体研究方案如下：

（1）在试验台架上用柴油机燃烧地沟油生物柴油，选择测功机的 M/n 模式进行负荷特性试验，先将发动机转速固定在低转速 1 200 r/min，然后将发动机转矩从 10 N·m 逐渐增加至 95 N·m，在每一转矩下用 NanoMet3 颗粒物测试系统测量碳烟微粒的数量浓度、质量浓度、平均粒径以及肺沉积表面积，然后将发动机转速分别提升至 1 400 r/min、1 600 r/min、1 800 r/min，在每一转速下分别重复在 1 200 r/min 下的试验过程。

（2）选择测功机的 n/P 模式进行地沟油生物柴油的速度特性试验，先将油门开度固定在 20%，接着将发动机转速从 650 r/min 逐渐增加至 1 200 r/min，在

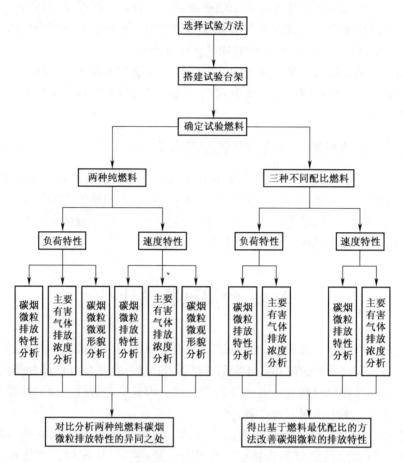

图 9.1　台架试验设计思路

每一转速下用 NanoMet3 颗粒物测试系统测量碳烟微粒的数量浓度、质量浓度、平均粒径以及肺沉积表面积，然后将油门开度分别增加到 40%、60%，在每一油门开度下分别重复油门开度为 20% 时的试验过程。但三种油门开度测试的最高转速不同，当油门开度为 40% 时，将发动机转速从 650 r/min 逐渐增加至 1 500 r/min；当油门开度为 60% 时，将发动机转速从 650 r/min 逐渐增加至 1 700 r/min。再将燃料换成石化柴油，进行上述两步同样的测试分析过程。

（3）将地沟油生物柴油和石化柴油按不同体积比 35%、50%、65% 分别混合成三种配比燃料，依次命名为 WBD1、WBD2、WBD3，进行同样的碳烟微粒的数量浓度、质量浓度、平均粒径以及肺沉积表面积测试分析。在每一次更换燃料的时候，都要清洗输油管路和油箱，当换好新燃料后，先让发动机运转半个小时，待试验数据稳定后再进行测量和记录，以免影响试验结果的准确性。在每一工况下，测量 10 个数据，剔除波动较大的值后，求取平均值，防止因柴油机振动强烈而造成偶然误差。

（4）燃烧地沟油生物柴油、石化柴油，进行负荷特性试验时，当转速为 1 400 r/min、1 600 r/min、1 800 r/min 时，分别在转矩增至 50 N·m、90 N·m 时用颗粒物收集器采集碳烟微粒并进行编号保存；进行速度特性试验时，当油门开度为 20%、40%、60% 时，分别在转速增至 800 r/min、1 100 r/min 时用颗粒物收集器采集碳烟微粒并进行编号保存，后期用扫描电镜对所有的碳烟微粒采集样本进行微观分析。

（5）当柴油机分别燃烧五种不同的燃料时，在每一工况下，运用烟度计测量排气烟度大小，使用排气分析仪测量排气中的 CO、HC、NO 的浓度变化，分析其与碳烟微粒排放浓度变化的关系。

9.3　仪器设备及测试方法

9.3.1　试验设备连接示意图

在图 9.2 所示为台架试验设备连接示意图，电涡流测功机通过弹性传动轴与柴油机相连，温度传感器安装在排气管内，NanoMet3 颗粒物测试系统、排气分析仪、烟度计、颗粒物收集系统分别与柴油机排气管相连。试验台架由很多装置及系统组成，包括动力系统、控制系统、测量系统、收集系统及其他附件。

在图 9.2 中，动力系统主要由柴油机、油箱、油耗仪、输油管组成，油箱通过输油管为柴油机源源不断地输送燃油，油耗仪实时检测不同工况下柴油机的有效燃油消耗率。

控制系统主要由电涡流测功机及其测控系统组成，通过选择发动机测控系统面板上不同的工作模式，使柴油机分别进入负荷特性、速度特性的运转工况，进而调节面板上的不同参数进行不同工况的测量。同时，发动机测控系统面板上还可以显示不同工况下柴油机的输出功率及排气温度。

测量系统主要包括 NanoMet3 颗粒物测试系统、排气分析仪、烟度计，测量不同工况下碳烟微粒的排放特性、排气烟度的大小及主要有害气体的排放浓度。

颗粒物收集系统主要由颗粒物收集器及其专用恒温箱组成，颗粒物收集

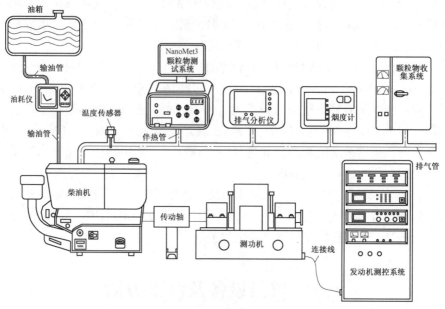

图 9.2　台架试验设备连接示意图

器放置在专用恒温箱内配套使用，以确保每一工况下都能收集到干燥的碳烟微粒。

▌9.3.2　试验用发动机主要参数

试验用柴油机如图 9.3 所示，为中国常柴 EH36 发动机，其主要技术指标见表 9.1。

图 9.3　试验用柴油机

表 9.1　试验用发动机主要技术指标

技　术　指　标	数　　值
燃烧室类型	直喷
缸径×行程/(mm×mm)	135×125
发动机排量/L	1.789
压缩比	16.5
最大扭矩/(N·m)	≥121.5
最大扭矩点转速/(r/min)	≤1 760
额定功率/kW	25
额定转速/(r/min)	2 200
标定点油耗/[g/(kW·h)]	≤240
外形尺寸（长×宽×高)/(mm×mm×mm)	916×4 757×709
净重/kg	230

9.3.3　试验燃料特性及主要理化指标

试验燃料为市售 0 号石化柴油和以地沟油为原料经过酯交换反应生产的生物柴油，其主要理化指标见表 9.2[142]，地沟油的来源是餐饮废油。

表 9.2　试验燃料主要理化指标

主要理化指标	地沟油生物柴油	石化柴油
十六烷值	60.6	51.4
20 ℃密度/(kg/m³)	874.2	822.4
40 ℃运动黏度/(mm²/s)	4.5	3.4
低热值/%	33.2	38.3
氧质量分数/%	11.8	—
碳质量分数/%	76.6	85.5
氢质量分数/%	11.48	13.39

9.3.4　排气分析仪、烟度计测量参数及原理

图 9.4 所示为排气分析仪，它与柴油机的排气管相连，采用进口红外检测器，能同时测量排气中的 CO、CO_2、O_2、HC、NO 的浓度值，还可以测量汽车发动机转速、空燃比及机油温度、环境温度与湿度、大气压力。CO、

CO_2、HC、NO 使用不分光红外检测器，O_2 采用电化学传感器。由于发动机尾气中含有较多的水分、灰尘等杂质，仪器采用两级过滤器除去排气中的水分和灰尘，其测量范围见表9.3。本试验主要分析的是 CO、HC、NO 的浓度值。

图9.4　排气分析仪

表 9.3　排气分析仪测量范围

气　　体	体　积　分　数
CO/%	0~14.00
CO_2/%	0~18.00
O_2/%	0~25.00
HC/ppm	0~1 0000
NO/ppm	0~5 000

图9.5 所示为透射式烟度计，其检测原理是基于烟气对光线的削弱程度，利用发光二极管散发红外线或可见光，穿透被测烟气投射到光电接收管上激发电信号，烟气越浓，光线衰减的程度越大，其激发的电信号越小。电信号先由运算放大器放大，再由 A/D 转换器把模拟信号转化为数字信号，数据最终通过单片机运算处理。其烟度值用消光系数 K 表示，K 值越大，代表烟度越大，消光系数的 K 量程为 0~16 m。

■9.3.5　颗粒物测试系统测量原理及分析方法

图9.6 所示为 NanoMet3 颗粒物测试系统，其通过伴热管与柴油机排气管相连，采集的排气颗粒物样品经过一段排气管后进入到伴热管中经高温蒸发，失掉大部分挥发性有机物，剩下固体颗粒物——碳烟微粒被收集到 NanoMet3 颗粒物测试系统中进行测量分析。

图 9.5　透射式烟度计

图 9.6　NanoMet3 颗粒物测试系统

NanoMet3 颗粒物测试系统用来检测 10~700 nm 的纳米级碳烟微粒的浓度和粒径大小，其响应时间足够短，非常适合用于尾气中碳烟微粒的采样、稀释、蒸发和计数，拥有单独的尾气探头和控制单元，可以有效地稀释源排放并进行精确测量，其主要技术指标见表 9.4。

表 9.4　颗粒物测试系统的主要技术指标

技 术 指 标	参　　数
气溶胶	包含有纳米颗粒物的稀释尾气
颗粒物浓度/（pt/ccm）	$1 \times 10^3 \sim 3 \times 10^8$
颗粒物大小/nm	$10 \sim 700$
进气流量/（L/min）	4.0
蒸发管温度/℃	环境温度 -300

　　NanoMet3 颗粒物测试系统基于电荷充电原理，充电后的碳烟微粒通过扩散阶段并发生沉积，产生的电流由敏感的静电计测量，剩下的碳烟微粒在第二阶段——过滤阶段进行收集，并再次测量电流。由于每个碳烟微粒所带电荷是粒径的函数，则从总电流和流量可计算出碳烟微粒的数量。

　　每种纳米级碳烟微粒测试系统通常都有具体的测量范围，在此测量范围内可以获得最佳的测量精度和最优的测量结果。而 NanoMet3 颗粒物测试系统配备可变的旋转盘稀释器，它能够根据所使用的碳烟微粒传感器的测量范围来匹配所测量的碳烟微粒的浓度。纳米级碳烟微粒非常容易聚合、积聚，粒径较小的碳烟微粒会通过聚合、积聚形成粒径较大的碳烟微粒，这种趋势在碳烟微粒浓度较高的情况下更为显著。这将导致碳烟微粒的数量浓度减小，平均粒径增大，影响检测数据的精准性。因此，NanoMet3 颗粒物测试系统拥有可变的旋转盘稀释器，大大降低了碳烟微粒在被输送到测量传感器之前发生聚合、积聚现象的可能性，保证了测量结果的准确性。

■ 9.3.6　颗粒物收集系统使用及分析方法

　　图 9.7 所示为颗粒物收集器，共有五层，从右至左依次为第 1、2、3、4、5 层，叠加在一起就组合成了颗粒物收集器。第 1、2、3、4 层上部凸出部位安装铝箔，第 5 层内部安装滤纸。柴油机排气经排气管后从顶层进入，由第 5 层硅胶管排出，碳烟微粒就从上至下分别收集在四层铝箔和滤纸上。每一层收集的碳烟微粒的粒径大小是不同的。第 1 层收集的碳烟微粒的粒径是 10 μm以上，第 2 层收集的是 5~10 μm，第 3 层收集的是 2.5~5 μm，第 4 层收集的是 1~2.5 μm，第 5 层收集的是 1 μm 以下的碳烟微粒。

　　由于柴油机排气温度较高且含有一定的水蒸气，在尾气经由管路输送到颗粒物收集器之前，可能会与冷管壁发生冷凝现象，影响采样碳烟微粒的干燥性。因此，颗粒物收集器需放置在专用恒温箱中配套使用。

　　如图 9.8 所示，颗粒物收集器专用恒温箱的温度设置为 90 ℃，抽气泵将

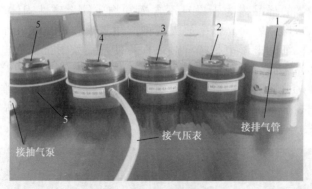

图 9.7　颗粒物收集器

尾气抽入颗粒物收集器中，并经过尾气净化装置排出。气压表上部的硅胶管
与颗粒物收集器第 1 层上的硅胶管相连，下部的硅胶管与颗粒物收集器第 3
层上的硅胶管相连。当收集颗粒物时，气体压力较大。当碳烟微粒收集满时，
颗粒物收集器 1、3 两层之间将不再有尾气流动，气压表读数变为 0，此时关
掉抽气泵，拿出颗粒物收集器，将每一层的铝箔和滤纸分别取出并保存相应
的编号，为下一步运用扫描电镜进行微观扫描做好准备。

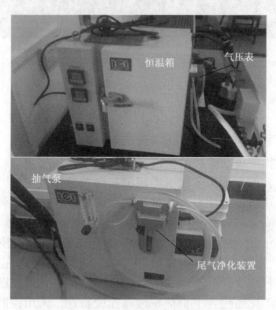

图 9.8　颗粒物收集器专用恒温箱

9.3.7　扫描电镜测量方法

图 9.9 所示为扫描电镜，其广泛应用于材料学、高分子学、化学、生物

学等领域，测试的样品需为干燥且不含挥发物质的无磁性固体粉末或块体。扫描电镜可以将样品表面高倍率放大成像，用来观察样品的表面形态和组织结构，其利用极细的电子束扫描样品表面，使样品发射出二次电子，因二次电子携带着样品表面的微观形貌信息，用接收器收集这些形貌信息，最终在荧光屏上成像。分析前，用竹签将收集的碳烟微粒从铝箔或纤维纸上刮到载物片上，运用扫描电镜获得不同工况下地沟油生物柴油、石化柴油碳烟微粒的微观形貌图。

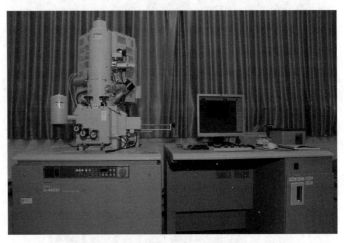

图 9.9　扫描电镜

9.4　本章小结

　　由于柴油机排气碳烟微粒的生成受到发动机运行工况、喷油参数等多种因素的共同影响，因此，为了深入弄清碳烟微粒的排放特性，以发动机试验研究为基础，搭建试验台架，并连接、调试、校准各试验设备，创建良好的试验平台，进而确定试验方案和采样方法，形成完备的试验体系。

　　通过柴油机分别燃烧地沟油生物柴油、石化柴油，先比较两种纯燃料碳烟微粒排放特性及微观形貌的明显异同之处，再分别燃烧配比燃料 WBD1、WBD2、WBD3，仔细比较随着燃料掺混比的改变，对碳烟微粒排放特性的影响。

　　此外，试验工况还包含了负荷特性和速度特性，采用控制变量法，运用多组工况进行对照研究，规避偶然误差，使研究范围更加完整，更有利于全面分析工况的变化对碳烟微粒排放特性的影响。试验也同时测量了排气烟度值、CO、HC、NO 的浓度变化，作为参照和辅助分析数据，综合比较得出改善碳烟微粒排放特性的最佳配比燃料。

第 *10* 章

地沟油生物柴油试验结果及分析

　　柴油机分别燃烧地沟油生物柴油、石化柴油这两种纯燃料，进行不同工况下的发动机台架试验，并采集实验数据，收集颗粒物进行分析。

10.1　负荷特性下碳烟微粒排放特性分析

■ 10.1.1　碳烟微粒的数量浓度变化分析

　　图 10.1 所示为 1 200 r/min 转速下，随着转矩的改变，两种纯燃料碳烟微粒的数量浓度 PN 及排气温度的变化趋势。

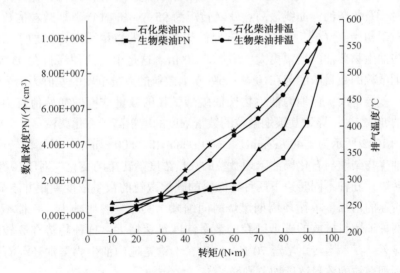

图 10.1　1 200 r/min 转速下两种纯燃料碳烟微粒的数量浓度及排气温度随转矩的变化

　　由图 10.1 可知，在 1 200 r/min 转速下，地沟油生物柴油与石化柴油碳烟微粒的数量浓度均呈增加趋势，且石化柴油碳烟微粒的数量浓度高于地沟油生物柴油。当负荷较低时，气缸内温度稍低，空燃比较大，燃烧状况不佳，未燃的碳氢化合物增多，需要高温裂解产生的碳烟微粒的数量浓度较少，因而通过 NanoMet3 检测到的碳烟微粒的数量浓度较少。相比于石化柴油，地沟油生物柴油较大的黏度、密度和低挥发性使得燃油颗粒从喷孔喷出时不宜扩散和破碎，干扰了雾化混合和燃烧进程，导致燃料燃烧不够完全。虽然地沟油生物柴油含氧，石化柴油几乎没有氧含量，但由于前述因素影响，导致地沟油生物柴油在低负荷时与石化柴油碳烟微粒的数量浓度比较接近，但地沟油生物柴油的碳烟微粒的数量浓度仍低于石化柴油。同样，两者的排气温度也比较接近，但地沟油生物柴油的排气温度也稍低于石化柴油。

当负荷进一步增加时，气缸内燃烧温度迅速上升，空燃比减小，气缸一定空间内容易产生过浓而密集的混合气[144]。当发动机转矩继续增大，气缸内温度持续上升，空燃比进一步减小，形成裂解及脱氢的有利前提，碳烟微粒瞬时生成量增加，导致排气中碳烟微粒的数量浓度疾速上升。地沟油生物柴油含芳香烃少，含氧量高，十六烷值高，在燃烧过程中可以自供氧，对燃料的燃烧起促进作用，优化了扩散燃烧过程。而石化柴油在燃烧过程中因缺氧造成了大量的固体碳烟颗粒排放，从而导致地沟油生物柴油排放中碳烟微粒的数量浓度远低于石化柴油。当转矩增至 95 N·m 时，曲线均到达最高点，此时，石化柴油碳烟微粒的数量浓度约为地沟油生物柴油的 1.26 倍。

对于石化柴油，曲线最高点处（转矩为 95 N·m 时）碳烟微粒的数量浓度相对于初始值（转矩为 10 N·m 时的碳烟微粒的数量浓度）增加了 12 倍，但地沟油生物柴油的增幅更大，增加了 20 倍。这是由于两种燃料在 95 N·m 处碳烟微粒的数量浓度与在 10 N·m 处碳烟微粒的数量浓度的差值为同一个数量级，差异不大，但地沟油生物柴油碳烟微粒的数量浓度的初始值仅为石化柴油的 50.25%，导致其碳烟微粒的数量浓度的增幅高于石化柴油。

图 10.2 所示为 1 400 r/min、1 600 r/min 和 1 800 r/min 三种不同转速下，地沟油生物柴油与石化柴油碳烟微粒的数量浓度随转矩的变化。对于 10 N·m 的低转矩，三种不同转速下两种纯燃料的碳烟微粒的数量浓度差距并不显著。随着转速的增加，单循环周期燃烧时间缩减，实际空燃比减小，三种不同转速下两种纯燃料排放的碳烟微粒的数量浓度迅速增大，这种趋势在高转矩下更为显著[148]。当转矩增至 70 N·m 后，不论是地沟油生物柴油还是石化柴油，碳烟微粒的数量浓度均急剧增长。

对于地沟油生物柴油，1 400 r/min、1 600 r/min、1 800 r/min 三种不同转速下，90 N·m 处碳烟微粒的数量浓度相对于 70 N·m 处碳烟微粒的数量

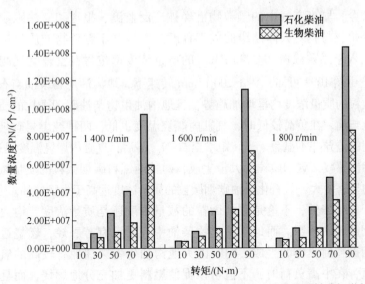

图 10.2　1 400 r/min、1 600 r/min、1 800 r/min 转速下两种纯燃料碳烟微粒的
数量浓度随转矩的变化

浓度的增幅分别为 2.29 倍、2.18 倍和 1.89 倍，而石化柴油在三种转速下的
增幅分别为 1.58 倍、1.98 倍和 1.85 倍。

■ **10.1.2　碳烟微粒的质量浓度变化分析**

　　图 10.3 所示为 1 200 r/min 转速下，随着转矩的改变，两种纯燃料碳烟微
粒的质量浓度 PM 及排气温度的变化趋势。

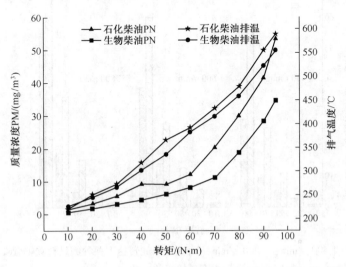

图 10.3　1 200 r/min 转速下两种纯燃料碳烟微粒的质量浓度及排气温度随转矩的变化

现如今，城市空气中的颗粒物已经被广泛监测、报道和立法限制，一直以来，评价颗粒物对人体健康的危害程度主要是基于颗粒物的质量浓度的测量，可吸入悬浮颗粒物 PM_{10} 和 $PM_{2.5}$ 的质量浓度都包含在室外空气测量标准内[165]。由图 10.3 可知，在 1 200 r/min 转速下，地沟油生物柴油与石化柴油的碳烟微粒的质量浓度均呈增加趋势，且地沟油生物柴油碳烟微粒的质量浓度低于石化柴油。在负荷较低时，气缸内燃烧温度也低，两种纯燃料碳烟微粒的质量浓度的差异并不显著。当转矩增至 60 N·m 后，气缸内燃烧温度迅速上升，局部空燃比骤减，碳烟微粒的大量生成，两种纯燃料碳烟微粒的质量浓度的增长速率均显著增大，且石化柴油碳烟微粒的质量浓度远高于生物柴油。

对于石化柴油，不论是碳烟微粒的数量浓度还是质量浓度，均为较大粒径的碳烟微粒占多数。而地沟油生物柴油中几乎没有芳香烃，燃烧过程中降低了碳烟微粒前驱体的生成。同时因为地沟油生物柴油拥有较高的氧含量及十六烷值，在中高负荷时，不但可以促使燃料更加充分地燃烧，而且可以降低碳烟微粒的裂解倾向，抑制了碳团颗粒物的变大，使得粒径较小的碳烟微粒相对增多。同时，地沟油生物柴油含硫量极低，碳烟微粒所含硫酸盐极少，因此，地沟油生物柴油碳烟微粒的质量浓度远低于石化柴油[168]。

图 10.4 所示为 1 400 r/min、1 600 r/min 和 1 800 r/min 三种不同转速下，地沟油生物柴油与石化柴油碳烟微粒的质量浓度随转矩的变化。由图 10.4 可知，在 70~90 N·m 转矩区间内，两种纯燃料碳烟微粒的质量浓度都迅速增

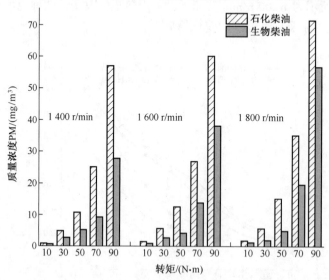

图 10.4 1 400 r/min、1 600 r/min、1 800 r/min 转速下两种纯燃料碳烟微粒的质量浓度随转矩的变化

大，且增长速率显著高于其他工况。在中高负荷时，空燃比减小，烟度不断增大，碳烟微粒迅速成核并积聚，两种纯燃料较大粒径的碳烟微粒的数量浓度均明显增大，而碳烟微粒的质量浓度主要取决于较大粒径的碳烟微粒的数量浓度，因此，碳烟微粒的质量浓度与数量浓度具有相同的变化趋势。

10.1.3　碳烟微粒的平均粒径及肺沉积表面积变化分析

图 10.5 所示分别描述了不同转速下，随着转矩的改变，两种纯燃料碳烟微粒的平均粒径（diam）及肺沉积表面积 LDSA 的变化趋势。

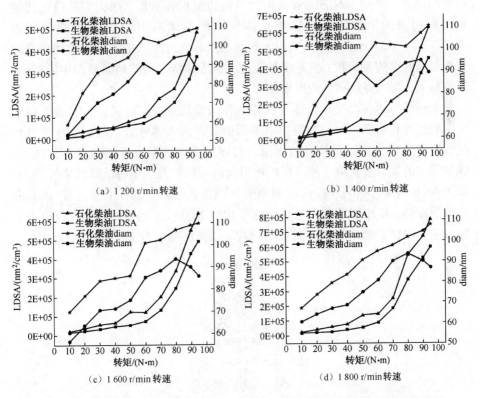

图 10.5　1 200 r/min、1 400 r/min、1 600 r/min、1 800 r/min 转速下两种纯燃料碳烟微粒的平均粒径及肺沉积表面积随转矩的变化

由图 10.5 可知，各工况下，地沟油生物柴油碳烟微粒的平均粒径均比石化柴油细小。小负荷下，两种纯燃料的碳烟微粒均以较小粒径为主。随着负荷的递增，混合气转浓，燃烧室内气压很大，温度极高，因局部缺氧而引起的碳烟微粒的数量浓度上升，积聚现象增强，碳烟微粒的平均粒径显著增大。曲线末端，两种纯燃料的碳烟微粒的平均粒径呈现相反的变化趋势，这是因

为地沟油生物柴油分子含氧量高，改善了混合气的局部空燃比，使得细小粒径的碳烟微粒数量增多，且碳烟微粒的粒径峰值降低，因此，碳烟微粒的平均粒径明显减小，显著小于石化柴油的碳烟微粒的平均粒径[154]。在95 N·m处，1 200 r/min、1 400 r/min、1 600 r/min、1 800 r/min 地沟油生物柴油的碳烟微粒的平均粒径分别为石化柴油的 81.84%、82.41%、80.62%、80.55%。

碳烟微粒的数量浓度、质量浓度以及平均粒径，这些都是纯粹的物理指标，它们都不足以具体评价碳烟微粒的毒性，难以反映碳烟微粒对人体健康造成的损害。因此，本书测量碳烟微粒的肺沉积表面积，因为它是量化接触粒子最相关的生理指标，它能具体反映碳烟微粒对人体健康的危害程度[170-171]。肺沉积表面积是指吸入到肺部的每立方厘米的气体中的碳烟微粒能覆盖到肺部的表面积，它是衡量能进入到人体肺部的碳烟微粒多少的指标，其值越大，对人体的损伤程度也越深。

碳烟微粒的表面就是人体与其相互作用的地方，它们可以在其表面运输吸附的细菌和病毒[169]。空气中的碳烟微粒进入人体呼吸系统后，在随着空气的流动过程中，受到外力的作用，与呼吸系统内壁发生碰撞，导致沉积。碳烟微粒的沉积主要由三种沉积机理引起：布朗扩散、重力沉降及惯性冲击。如图 10.6 所示，不同粒径的碳烟微粒沉积机理不同：对于粒径小于 100 nm 的碳烟微粒，以布朗扩散为主；粒径为 100~2 000 nm 的碳烟微粒，以重力沉降为主；粒径大于 2 000 nm 的碳烟微粒，以惯性冲击为主[172]。

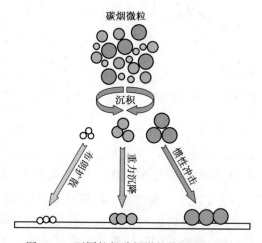

图 10.6 不同粒径碳烟微粒的沉积机理

由图 10.5 可知，两种纯燃料碳烟微粒的肺沉积表面积均随着转矩的不断增加而增大，各工况下，地沟油生物柴油碳烟微粒的肺沉积表面积均低于石化柴油，因为中小负荷时，地沟油生物柴油排气中均以粒径较小的碳烟微粒占多数，颗粒物的平均粒径均小于 100 nm，因此其沉积机理主要是布朗扩散。对于石化柴油，中小负荷时其碳烟微粒的沉积机理也是以扩散沉积为主，但因其碳烟微粒的数量浓度高于地沟油生物柴油，单位空间内碳烟微粒的密度较高，因而其沉积率也高于地沟油生物柴油。

当转矩增至 60 N·m 后，由于地沟油生物柴油分子的高含氧量和十六烷值优化了燃烧过程，有效抑制了粒径较大的碳烟微粒的生成，碳烟微粒的平均粒径始终小于 100 nm，其沉积机理仍然是布朗扩散，而随着石化柴油排气烟度的不断增大，粒径较小的碳烟微粒的迅速集聚并吸附成大粒径的碳烟微粒，大粒径的碳烟微粒的数量浓度急剧增大，碳烟微粒的平均粒径迅速增加并超过 100 nm，此时沉积机理由单一的布朗扩散转变为布朗扩散与重力沉降共同作用，沉积率显著增强，肺沉积表面积急剧增大，此时，地沟油生物柴油与石化柴油碳烟微粒的肺沉积表面积的差值随着转矩的不断增加而越加明显，因此，中高负荷时，地沟油生物柴油碳烟微粒的肺沉积表面积远小于石化柴油。

在 70~90 N·m 转矩区间内，对于地沟油生物柴油，1 400 r/min、1 600 r/min、1 800 r/min 转速时碳烟微粒的数量浓度的增幅分别为 3.26 倍、2.27 倍和 1.91 倍，而石化柴油的增幅分别为 1.42 倍、1.74 倍和 1.71 倍，这与碳烟微粒的数量浓度的增幅呈现出良好的正相关性，因此，碳烟微粒的肺沉积表面积的大小受碳烟微粒的平均粒径和数量浓度的共同影响。当碳烟微粒的数量浓度的增幅较大时，单位时间内排气碳烟微粒的浓度迅速增加，碳烟微粒的密度随之增大，单位面积内碳烟微粒接触到壁面并发生沉积的概率大大提升，沉积率明显增大。

10.2　负荷特性下主要有害气体排放浓度分析

■ 10.2.1　一氧化碳浓度变化分析

图 10.7 所示为 1 200 r/min、1 400 r/min、1 600 r/min、1 800 r/min 四种不同转速下，两种纯燃料一氧化碳（CO）排放浓度随转矩的变化趋势。

由图 10.7 可知，四种不同转速下，中小负荷时，两种纯燃料 CO 的排放浓度呈现出先随着转矩的增加缓慢降低，再随着转矩的增加缓慢上升的态势。此时，两种纯燃料 CO 的排放浓度均较低。这是因为小负荷时，燃烧室内温度

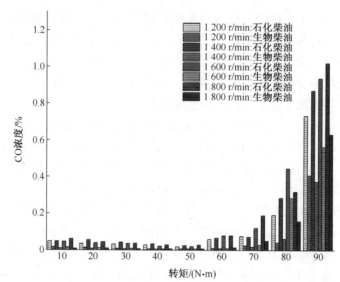

图 10.7 1 200 r/min、1 400 r/min、1 600 r/min、1 800 r/min 转速下两种纯燃料 CO
浓度随转矩的变化

较低，氧化反应强度较弱，使得 CO 的排放浓度小幅度上升[173-174]。

随着负荷的不断增加，燃烧条件改善，氧化反应增强，CO 排放浓度缓慢下降。当转矩继续增加至大负荷时，此时混合气变浓，燃烧室内局部缺氧，使得两种纯燃料的 CO 排放浓度均大幅度上升[175]。地沟油生物柴油由于分子含氧量高，改善了气缸内的局部空燃比，增强了氧化作用，能显著降低 CO 的排放浓度，其与大负荷下两种纯燃料碳烟微粒数量浓度、质量浓度均具有相同的变化趋势。

▍10.2.2 碳氢化合物浓度变化分析

图 10.8 所示为 1 200 r/min、1 400 r/min、1 600 r/min、1 800 r/min 四种不同转速下，两种纯燃料碳氢化合物（HC）排放浓度随转矩的变化趋势。

由图 10.8 可知，四种不同转速下，随着转矩的不断增加，两种纯燃料 HC 的排放浓度均随着转矩的增加小幅度降低。由于地沟油生物柴油十六烷值较高，燃烧性能好，降低了未燃 HC 和裂解 HC 的生成[174]，使得其排放的 HC 的浓度远小于石化柴油。而转速为 1 800 r/min 时，两种燃料 HC 的排放差异更加明显：转矩为 10 N·m 时，地沟油生物柴油 HC 排放浓度相较于石化柴油降低了 62.07%，而 90 N·m 的降幅更为显著，降低了 86.36%。

由于两种纯燃料 HC 排放浓度的不断降低，使得 60~80 N·m 转矩区间内 HC 冷却成核的反应速率减弱，导致小粒径的碳烟微粒的数量浓度减小，碳烟微粒的平均粒径及质量浓度有所增加，肺沉积表面积也随之增大。

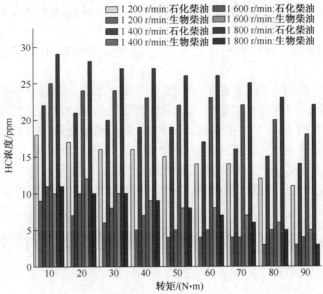

图 10.8 1 200 r/min、1 400 r/min、1 600 r/min、1 800 r/min 转速下两种纯燃料 HC
浓度随转矩的变化

■10.2.3 一氧化氮浓度变化分析

图 10.9 所示为 1 200 r/min、1 400 r/min、1 600 r/min、1 800 r/min 四种
不同转速下，两种纯燃料一氧化氮（NO）排放浓度随转矩的变化趋势。

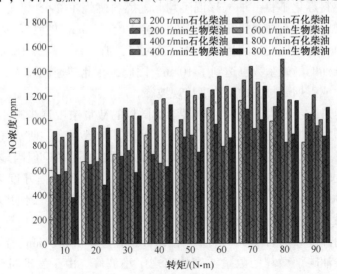

图 10.9 1 200 r/min、1 400 r/min、1 600 r/min、1 800 r/min 转速下两种纯燃料 NO
浓度随转矩的变化

由图 10.9 可知，随着转矩的逐步增加，两种纯燃料 NO 的排放浓度不断增大，当转矩增至 70~80N·m 区间时，NO 的排放量又随着转矩的继续增大而降低。四种不同转速下，地沟油生物柴油 NO 的排放量均高于石化柴油。

这是由于 NO 的生成主要受到燃烧室内反应温度、燃料分子内的含氧量、燃烧反应时间[177]等因素的影响，地沟油生物柴油相较于石化柴油相对富氧，随着燃烧温度的不断增加，燃料分子中的氧元素燃烧提高了燃烧集中放热度[122]，使得燃烧室内的温度进一步增大，这些因素都促使了 NO 排放浓度的增加。由此可见，地沟油生物柴油燃料分子的高含氧量对于 NO 排放量的增大起到了促进作用，而对碳烟微粒的数量浓度的增大起到抑制作用。

10.3　速度特性下碳烟微粒的排放特性分析

▌10.3.1　碳烟微粒的数量浓度变化分析

图 10.10 所示为 20%、40%、60% 三种不同油门开度下，随着转矩的改变，两种纯燃料碳烟微粒的数量浓度（PN）的变化趋势。

由图 10.10 能够看出，不同工况下，随着转速的逐渐递增，两种纯燃料的碳烟微粒的数量浓度先不断增大后不断减小。低转速时，混合气过浓，由于气缸内燃料雾化不良，油气掺混不均匀，燃料燃烧不充分[178]，导致排气烟度值激增。三种不同油门开度下，在 900~1 050 r/min 转速区间内，石化柴油的烟度值均达到烟度计测量范围内的最大值，消光系数高达 16/m，此时地沟油生物柴油的消光系数也达到了 10/m，因此，在此转速区间内，两种纯燃料均大量生成碳烟微粒，数量浓度出现波峰。

当转速进一步增大，两种纯燃料碳烟微粒的数量浓度逐步减小。这是因为转速的增大加快了进气口空气的流速，促进了扰流混合，使油气混合更加充分，改良了燃烧室内的空燃比，降低了碳烟微粒的排放。但因地沟油生物柴油的黏度较高，阻碍了燃料雾化混合的进程，因此当油门开度为 60% 时，在 900~1 000 r/min 转速区间内，其降低速率小于石化柴油，碳烟微粒的数量浓度在此段工况内稍高于石化柴油。

当油门开度分别为 40%、60%，转速分别超过 1 150 r/min、1 400 r/min后，石化柴油碳烟微粒的数量浓度均出现了小波峰。由于发动机转速增大，单位时间内的做功频率增加，气缸内的燃烧温度急剧增加，且燃料因燃烧时间短而不能完全燃烧，积炭现象加剧，碳烟微粒生成量增加。

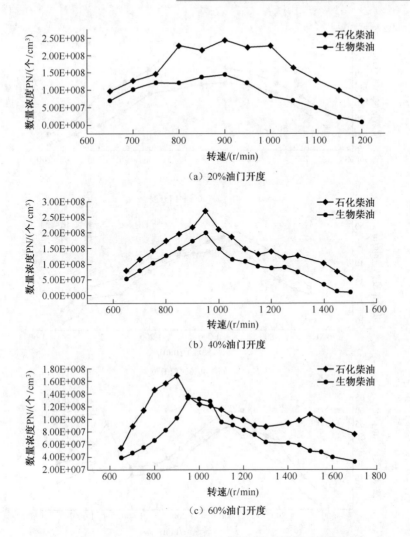

图 10.10　20%、40%、60%油门开度下两种纯燃料碳烟微粒的
数量浓度随转速的变化

▉ 10.3.2　碳烟微粒的质量浓度变化分析

图 10.11 所示为 20%、40%、60%三种不同油门开度下，随着转矩的改变，两种纯燃料碳烟微粒的质量浓度（PM）的变化趋势。

由图 10.11 可知，不同工况下，地沟油生物柴油碳烟微粒的质量浓度均小于石化柴油，三组曲线均在 900~1 000 r/min 转速区间内出现峰值，此时两种纯燃料碳烟微粒的数量浓度也达到峰值，因为燃烧温度时时上升，空燃比较小，较大粒径的碳烟微粒迅速生成，较小粒径的碳烟微粒大量聚合、集聚。

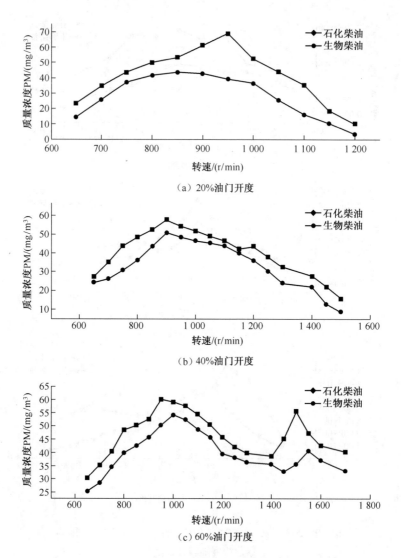

（a）20%油门开度

（b）40%油门开度

（c）60%油门开度

图 10.11 20%、40%、60%油门开度下两种纯燃料碳烟微粒的质量浓度随转速的变化

对于石化柴油，此时大粒径的碳烟微粒占据主导地位。而地沟油生物柴油具备较高的氧含量及十六烷值，可以调节气缸内的局部空燃比，促使燃料更加充分地燃烧，减弱了碳烟微粒的裂解倾向，抑制了碳团颗粒物的增长，控制了整体的碳烟微粒的质量浓度的增长速率，使其显著低于石化柴油[180-181]。

当转速进一步增大时，燃烧条件优化，排气烟度值降低，碳烟微粒生成、生长现象减弱，两种纯燃料碳烟微粒的质量浓度皆逐渐减小。从曲线图可以看出，20%、40%油门开度下的两组曲线的变化趋势大致相似，但油门开度增加到60%后，当转速高于1 400 r/min时，由于燃料不能充分燃烧，排气烟度迅速增大，碳烟微粒的质量浓度随之凸增，再缓慢减小。

10.3.3　碳烟微粒的平均粒径及肺沉积表面积变化分析

图10.12所示为20%、40%、60%三种不同油门开度下，随着转矩的改变，两种纯燃料碳烟微粒的平均粒径（diam）及肺沉积表面积（LDSA）的变化趋势。

由图10.12可知，各工况下，地沟油生物柴油碳烟微粒的平均粒径均小于石化柴油。当转速较小时，两种纯燃料碳烟微粒的平均粒径随着转速的增加而增大，当转速增至800~1 000 r/min转速区间内，石化柴油碳烟微粒的平均粒径迅速增大并超过100 nm。在此转速区间内，地沟油生物柴油碳烟微粒的平均粒径也以较大的速率增长，但仍小于石化柴油，其最大值出现在油门开度为60%、转速为900 r/min时，峰值粒径为94.74 nm。

当油门开度为20%时，转速高于1 000 r/min后，两种纯燃料碳烟微粒的平均粒径随转速的增大逐渐减小，且油门开度越大，越能在较大的转速区间内保持不断降低的趋势。而40%、60%油门开度下，两组曲线分别在1 100~1 300 r/min、1 400~1 700 r/min形成波峰，石化柴油由于分子内几乎不含氧，在燃烧状况不佳的条件下，其碳烟微粒的平均粒径的波动幅度明显大于生物柴油，当油门开度为60%、转速在1 600 r/min时，其曲线凸增到101.33 nm，而此时地沟油生物柴油的平均粒径为81.75 nm，两者差异较大。

各工况下，石化柴油碳烟微粒的肺沉积表面积的曲线均在地沟油生物柴油之上，其对人体健康的危害更大。在800~1 000 r/min转速区间内，由于此时两种纯燃料碳烟微粒的数量浓度较高且平均粒径较大，因此其沉积率在此转矩区间内维持在较高值，此时石化柴油由于其碳烟微粒的数量浓度、质量浓度、平均粒径均相对较高，且沉积机理受到布朗扩散与重力沉降两种机制的作用，在多种因素的共同影响下，使得其沉积量显著增大。而地沟油生物柴油碳烟微粒的平均粒径始终较小，其沉积机理比较单一，沉积力度相对较小，其对人体健康的危害值相对降低。

对于油门开度分别为40%和60%的两组曲线，虽在后期随着转速的增加，石化柴油碳烟微粒的平均粒径呈现出一个明显的增幅，但此时其碳烟微粒的数量浓度相对较低，且远小于800~1 000 r/min转速区间内的值，局部区域内碳烟微粒的密度减小，其发生沉积的概率降低，因此后期出现的波峰值远小于最大值。地沟油生物柴油在此转速区间内其碳烟微粒的数量浓度不断减小，且平均粒径维持在缓慢增长的趋势，从而减弱了碳烟微粒的肺沉积表面积的增长速率，使其呈现出很小幅度的波峰。

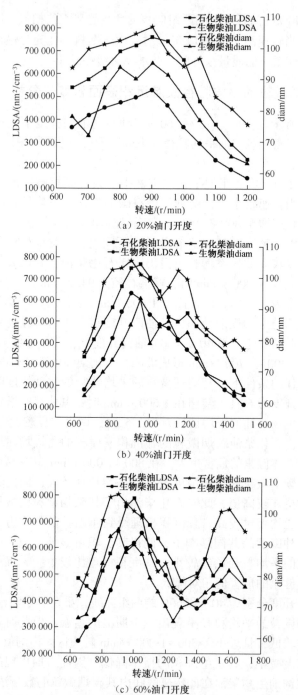

（a）20%油门开度

（b）40%油门开度

（c）60%油门开度

图 10.12　20%、40%、60%油门开度下两种纯燃料碳烟微粒的
平均粒径及肺沉积表面积随转速的变化

10.4　速度特性下主要有害气体的排放浓度分析

▍10.4.1　一氧化碳浓度变化分析

图 10.13 所示为 20%、40%、60% 三种不同油门开度下，两种纯燃料一氧化碳（CO）排放浓度随转矩的变化趋势。

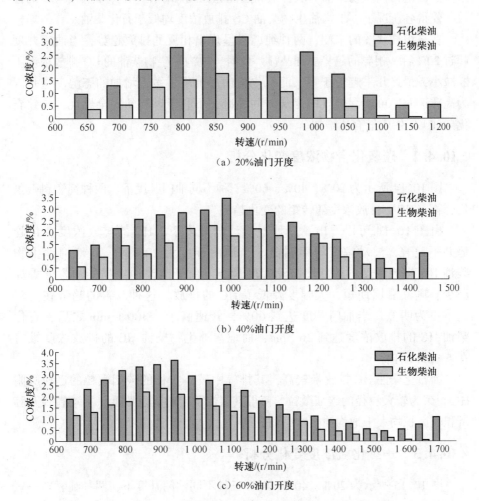

（a）20% 油门开度

（b）40% 油门开度

（c）60% 油门开度

图 10.13　20%、40%、60% 油门开度下两种纯燃料 CO 浓度随转速的变化

由图 10.13 可知，三种不同油门开度下，地沟油生物柴油的 CO 排放浓度

呈现出先增加后减小的趋势，而石化柴油的 CO 排放浓度呈现出先增加后减小再增加的趋势。三组柱状图均在 900~1 000 r/min 转速区间内达到峰值。当转速较小时，燃料雾化不良，油气混合不太均匀，燃烧状况不佳，致使 CO 排放量持续增加，由于此时多碳少氧，碳烟微粒的数量浓度及质量浓度也急剧增长。

当转速进一步增加，喷油压力增加，燃烧室内气流搅动作用增强，改良了燃料的雾化与混合过程，有助于燃料完全燃烧[176]，进而减低了 CO 的排放浓度。因地沟油生物柴油的氧含量高且能起到助燃作用[122]，抑制了 CO 的排放。使得各工况下，地沟油生物柴油 CO 排放浓度均低于石化柴油。

在三组柱状图的末端，两种纯燃料呈现出相反的排放趋势，当油门开度超过 20% 后，相异的趋势更加凸显。此时，地沟油生物柴油的 CO 排放浓度不断减小，最终几乎趋近于零，而石化柴油却出现了缓慢增加的态势。这是因为高转速时，可燃混合气的燃烧时间缩减，不利于燃料的完全燃烧，导致石化柴油 CO 生成量有所增加。

■ 10.4.2　碳氢化合物浓度变化分析

图 10.14 所示为 20%、40%、60% 三种不同油门开度下，两种纯燃料碳氢化合物（HC）排放浓度随转矩的变化趋势。

由图 10.14 可以看出，三种不同油门开度下，HC 的排放浓度变化趋势并不显著，波动幅度均不明显。当油门开度为 20% 时，其地沟油生物柴油 HC 排放浓度的柱状图波动幅度最小。由于地沟油生物柴油含芳香烃极少，则其滞燃期短，大幅度降低了 HC 的排放，这种改善的趋势在高转速下更为明显。当油门开度达到 60%，转速高于 1 300 r/min 之后，石化柴油 HC 的排放浓度达到 26 ppm，而地沟油生物柴油 HC 的排放浓度维持在 5 ppm 以内。

因石化柴油 HC 排放量较高，其排气中较小粒径的碳烟微粒的迅速吸附 HC 积聚为较大粒径的碳烟微粒，使得其碳烟微粒的质量浓度、平均粒径及肺沉积表面积均大于地沟油生物柴油。

■ 10.4.3　一氧化氮浓度变化分析

图 10.15 所示为 20%、40%、60% 三种不同油门开度下，两种纯燃料一氧化氮（NO）排放浓度随转矩的变化趋势。

由图 10.15 可知，三种不同油门开度下，两种纯燃料的 NO 排放浓度均随着转速的增加呈现逐渐增加的趋势。这是由于随着转速的增加，气缸内燃烧温度不断增加，促进了 NO 的产生[176]。各工况下，地沟油生物柴油由于含氧量高，其 NO 排放浓度显著高于石化柴油。因此，在速度特性下，地沟油生物柴油 NO 排放特性与碳烟微粒的数量浓度排放特性依然相反，其在降低碳烟微粒的数量浓度的同时却增加了 NO 的排放量。

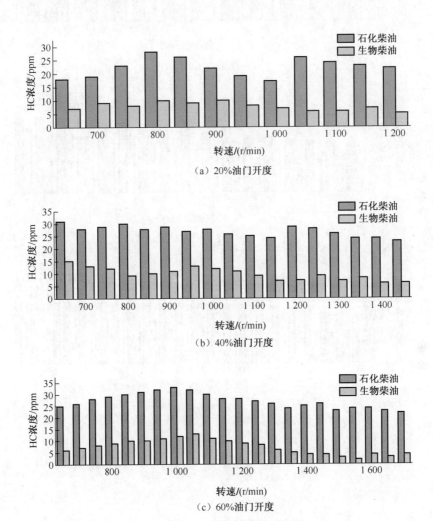

图 10.14　20%、40%、60%油门开度下两种纯燃料 HC
浓度随转速的变化

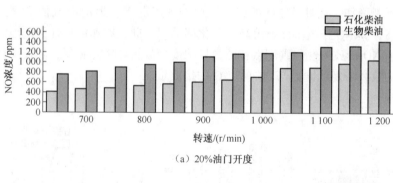

（a）20%油门开度

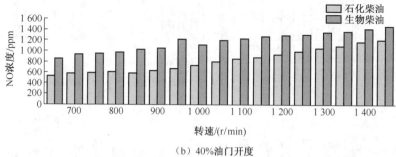

（b）40%油门开度

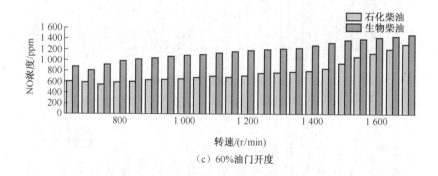

（c）60%油门开度

图 10.15　20%、40%、60%油门开度下两种纯燃料 NO
浓度随转速的变化

10.5　碳烟微粒微观形貌变化分析

本节分别收集了不同工况下地沟油生物柴油和石化柴油燃烧后的碳烟微粒，采用扫描电镜进行微观形貌对比分析。

■ 10.5.1　较小放大倍数下碳烟微粒的微观形貌

为了直观、全面地对比两种纯燃料碳烟微粒的微观形貌，先采用较小的放大倍数——2 万倍进行观察。图 10.16 所示为转速 1 400 r/min、转矩 90 N·m时，地沟油生物柴油与石化柴油碳烟微粒的微观形貌。

（a）地沟油生物柴油　　　　　　　　　　（b）石化柴油

图 10.16　放大 2 万倍两种纯燃料碳烟微粒的微观形貌

由图 10.16 可以看出，地沟油生物柴油碳烟微粒呈现云朵状、棉絮状、簇状，粒子间紧凑地结合在一起，没有明显的交界，尺寸比较均匀，表面相对光滑。而石化柴油碳烟微粒表面像火山岩一样粗糙多孔，多呈块状、堆状，相互叠加、黏结[160]。

■ 10.5.2　不同工况下碳烟微粒的微观形貌

将扫描电镜的放大倍数进一步提高到 5 万倍，以便更清晰、细微地比较两种纯燃料碳烟微粒微观形态的差异，图 10.17~图 10.22 所示为不同工况下地沟油生物柴油与石化柴油碳烟微粒的微观形貌。

（a）转矩为 50 N·m时的地沟油生物柴油　　（b）转矩为 50 N·m时的石化柴油

图 10.17　1 400 r/min 转速下两种纯燃料碳烟微粒的微观形貌

（c）转矩为 90 N·m 时的地沟油生物柴油　　　（d）转矩为 90 N·m 时的石化柴油

图 10.17　1 400 r/min 转速下两种纯燃料碳烟微粒的微观形貌（续）

由图 10.17 可知，在 1 400 r/min 转速下，两种纯燃料的碳烟微粒均主要由圆球状的基本粒子积聚、组合而成，粒径都比较均匀，微观形貌比较类似，差异并不明显。

（a）转矩为 50 N·m 时的地沟油生物柴油　　　（b）转矩为 50 N·m 时的石化柴油

（c）转矩为 90 N·m 时的地沟油生物柴油　　　（d）转矩为 90 N·m 时的石化柴油

图 10.18　1 600 r/min 转速下两种纯燃料碳烟微粒的微观形貌

由图 10.18 可知，1 600 r/min 转速下，两种纯燃料的碳烟微粒微观形貌的差异较大。此时，地沟油生物柴油碳烟微粒的粒径比石化柴油细小，像珍珠一样粒粒相连，而石化柴油碳烟微粒排列松散，无定形。转矩为 90 N·m 时，地沟油生物柴油碳烟微粒的颜色显著浅于石化柴油，说明地沟油生物柴油碳烟微粒中有机物的含量高于石化柴油。

由图 10.19 可以看出，1 800 r/min 转速下，地沟油生物柴油碳烟微粒像葡萄串、珊瑚丛一样紧密地排列，而石化柴油的粒径相对较大，且大小不一，并出现团状、絮状、带状等形态各异的堆积、粘连。

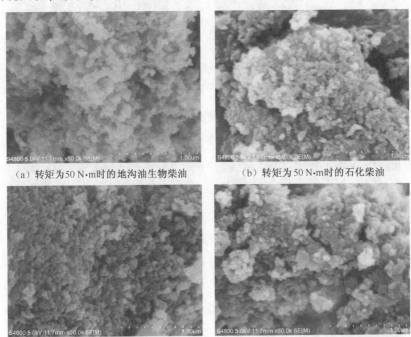

　（a）转矩为 50 N·m 时的地沟油生物柴油　　　（b）转矩为 50 N·m 时的石化柴油

　（c）转矩为 90 N·m 时的地沟油生物柴油　　　（d）转矩为 90 N·m 时的石化柴油

图 10.19　1 800 r/min 转速下两种纯燃料碳烟微粒的微观形貌

由图 10.20 可以看出，20% 油门开度下，地沟油生物柴油碳烟微粒也出现了粒子积聚的现象，但其微粒尺寸较小且相对一致。石化柴油碳烟微粒排列杂乱无序，大量堆叠[160]，且表面覆盖了厚重的碳黑粉末，说明其燃料分子含碳量较高。

由图 10.21 可以看出，40% 油门开度下，两种纯燃料碳烟微粒排列结构上的区别很大，地沟油生物柴油碳烟微粒像石榴粒似的紧紧挨在一起，几乎没有空隙。而石化柴油碳烟微粒排列十分疏松，且多孔、多缝，很容易藏污纳垢，吸附各种有害、有毒的物质，进而危害人体健康[160]。

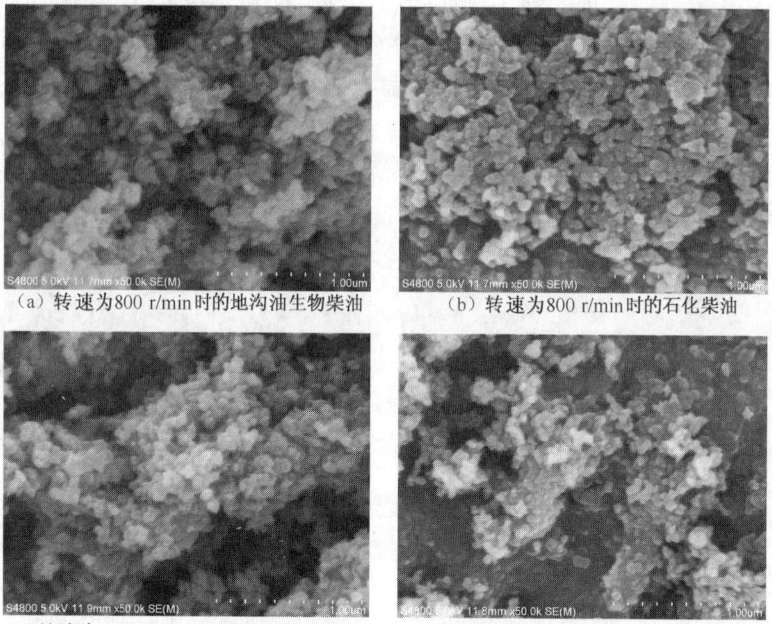

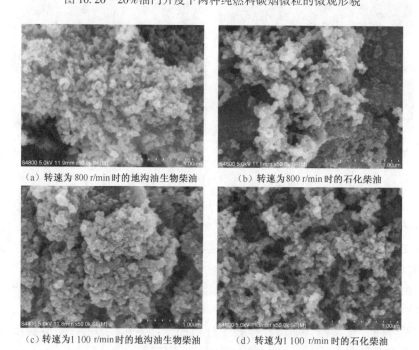

（a）转速为800 r/min时的地沟油生物柴油　　　（b）转速为800 r/min时的石化柴油

（c）转速为1 100 r/min时的地沟油生物柴油　　（d）转速为1 100 r/min时的石化柴油

图 10.20　20%油门开度下两种纯燃料碳烟微粒的微观形貌

（a）转速为800 r/min时的地沟油生物柴油　　　（b）转速为800 r/min时的石化柴油

（c）转速为1 100 r/min时的地沟油生物柴油　　（d）转速为1 100 r/min时的石化柴油

图 10.21　40%油门开度下两种纯燃料碳烟微粒的微观形貌

由图 10.22 可以看出，60%油门开度下，由于贫氧富油，两种纯燃料碳烟微粒均出现了不同程度的积聚现象。转矩为 1 100 r/min 时，石化柴油碳烟微粒的积聚程度明显强于地沟油生物柴油，其表面呈现大面积的团状、坨状堆积，致使其碳烟微粒平均粒径大于地沟油生物柴油。

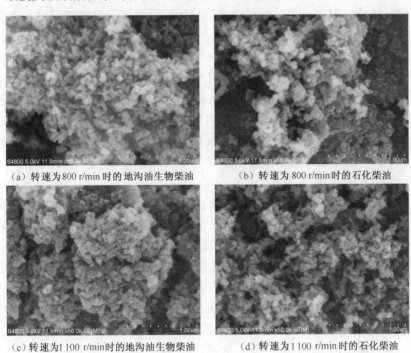

（a）转速为 800 r/min 时的地沟油生物柴油　　　（b）转速为 800 r/min 时的石化柴油

（c）转速为 1 100 r/min 时的地沟油生物柴油　　　（d）转速为 1 100 r/min 时的石化柴油

图 10.22　60%油门开度下两种纯燃料碳烟微粒的微观形貌

10.6　本 章 小 结

本章主要研究纯地沟油生物柴油、纯石化柴油排放特性的显著异同之处。首先对比分析了柴油机分别燃烧两种纯燃料后，排气中 CO、HC、NO 浓度变化的不同之处，再重点分析了两种纯燃料碳烟微粒的数量浓度、质量浓度、平均粒径及肺沉积表面积的变化趋势和微观形貌的差别，结论如下。

1. 负荷特性工况下

（1）中小负荷时，两种燃料 CO 的排放浓度先随着转矩的增加缓慢降低，再随着转矩的增加缓慢上升，当转矩增至大负荷时，CO 的排放浓度均大幅度上升。两种燃料 HC 的排放浓度随着转矩的增加不断降低。两种燃料 NO 的排放浓度随着转矩的增加不断增大，当转矩增至中高负荷时，NO 的排放量又伴随转矩的继续增大而降低。各工况下，地沟油生物柴油 CO、HC 排放浓度小于石化柴油，NO 的排放浓度高于石化柴油。

（2）不同工况下，两种燃料碳烟微粒的数量浓度及质量浓度随发动机转矩的增加皆为逐渐增加的态势。在 70～90 N·m 转矩区间内，随着转矩的不断增大，两种燃料碳烟微粒的数量浓度及质量浓度均急剧增加，地沟油生物柴油碳烟微粒的数量浓度、质量浓度均远小于石化柴油。

（3）各工况下，地沟油生物柴油碳烟微粒的平均粒径都小于石化柴油，其肺沉积表面积总体小于石化柴油，对人体健康的危害值轻于石化柴油。碳烟微粒肺沉积表面积受到其平均粒径和数量浓度的共同影响，其增幅与数量浓度的增幅呈现出良好的正相关性。

2. 速度特性工况下

（1）三种不同油门开度下，地沟油生物柴油 CO 排放浓度呈现出先增加后减小的趋势，而石化柴油 CO 排放浓度呈现出先增加后减小再增加的趋势。两种燃料 HC 的排放浓度变化趋势不显著，地沟油生物柴油大大降低了 HC 的排放，这种改善的效果在高转速下更为明显。两种燃料 NO 排放浓度均随着转速的增加呈现逐渐增加的趋势，地沟油生物柴油 NO 的排放浓度更高。

（2）不同工况下，随着转速的逐渐增加，两种燃料碳烟微粒的数量浓度先逐渐增大再不断减小。但油门开度增至 40%、60% 时，石化柴油碳烟微粒的数量浓度在高转速时再次形成小波峰。当油门开度为 60% 时，在 900～1 000 r/min 转速区间内，地沟油生物柴油碳烟微粒的数量浓度降低速率小于石化柴油。

（3）不同工况下，地沟油生物柴油碳烟微粒的质量浓度均小于石化柴油，峰值出现在低转速区，这与质量浓度的变化趋势呈现出一致性。各工况下，地沟油生物柴油明显降低了碳烟微粒的平均粒径及波动幅度。石化柴油碳烟微粒肺沉积表面积的曲线均在地沟油生物柴油之上，其对人体健康的危害更大。

地沟油生物柴油碳烟微粒呈现云朵状、棉絮状、簇状，粒子间像珊瑚丛一样紧密地排列，尺寸较小且相对均匀，表面相对光滑。而石化柴油碳烟微粒排列杂乱无序，多呈块状、堆状，相互叠加、黏结，像火山岩一样粗糙、疏松、多孔，很容易藏污纳垢。

■ 第 *11* 章 ■

不同配比地沟油生物柴油试验
结果及分析

柴油机分别燃烧地沟油生物柴油与石化柴油以不同体积比 35%（WBD1）、50%（WBD2）、65%（WBD3）混合成的三种配比燃料，进行不同工况下的发动机台架试验，并采集试验数据进行分析。

11.1　负荷特性下碳烟微粒排放特性分析

■ 11.1.1　碳烟微粒的数量浓度变化分析

图 11.1 所示为 1 200 r/min 转速下，随着转矩的改变，三种配比燃料碳烟微粒的数量浓度 PN 及排气温度的变化趋势。

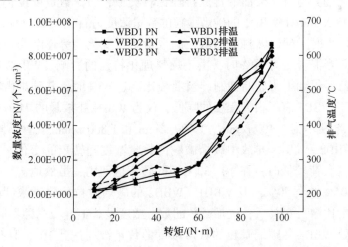

图 11.1　1 200 r/min 转速下三种配比燃料碳烟微粒的数量浓度及排气温度的变化趋势

由图 11.1 可知，在 1 200 r/min 转速下，WBD1、WBD2、WBD3 的排气温度比较接近，其碳烟微粒的数量浓度皆呈上升的趋势，且 WBD1 燃烧排放后的碳烟微粒的数量浓度高于其他两种配比燃料，碳烟微粒的数量浓度随着地沟油生物柴油体积比的增大而减小，这种趋势在中高负荷时更加显著[161]。

小负荷时，碳烟微粒的数量浓度随地沟油生物柴油掺混比的增加呈现出小幅度的增长趋势，由图 11.1 可知，在 $10 \sim 40$ N·m 转矩区间内，WBD2、WBD3 的碳烟微粒的数量浓度均稍高于 WBD1。此时，引起这种增幅的原因是高掺混比的地沟油生物柴油使得粒径较小的碳烟微粒大量生成，在总碳烟微粒中占据数量浓度主导。当负荷较低时，气缸内燃烧温度稍低，燃料雾化不良，油气混合不均匀，相比于石化柴油，地沟油生物柴油黏度较高，挥发性弱，阻碍了燃料蒸发、混合的过程，引起有机可溶组分（SOF）含量增加，因此粒径较小的碳烟微粒迅速生成，此时，WBD2、WBD3 微粒的数量浓度的数量级均达到 10^7。

当负荷进一步增加时，随着地沟油生物柴油配比的加大，碳烟微粒的数量浓度显著减小。这是因为发动机转矩连续增大，气缸内燃烧温度骤增，局部混合气过浓，燃料分子迅速裂解脱氢，粒径较大的碳烟微粒的数量浓度不断攀升。但随着地沟油生物柴油的配比不断增加，其分子含氧量高改善了燃烧室内局部混合气富油贫氧的状况[179]，并加速了已经生成的碳烟微粒的氧化过程[182-183]，使得粒径较大的碳烟微粒的排放量随着配比燃料含氧量的不断增大而大幅度减小。

当地沟油生物柴油的混合比为 35% 时，配比燃料 WBD1 碳烟微粒的数量浓度的变化趋势与石化柴油的排放特性比较类似，但其数量浓度仍要低于石化柴油，95 N·m 处 WBD1 的碳烟微粒的数量浓度为石化柴油的 84.69%。当配比继续增大时，配比燃料碳烟微粒的数量浓度变化趋势逐渐与地沟油生物柴油趋近。当混合比为 50% 时，由于燃料理化特性的影响，WBD2 碳烟微粒的排放量已经得到了明显的抑制。当混合比高达 65% 时，其碳烟微粒的数量浓度相较于 WBD1 有了很大程度的降低，仅为 WBD1 排放量的 71.67%。

图 11.2 所示为 1 400 r/min、1 600 r/min 和 1 800 r/min 三种不同转速下，WBD1、WBD2、WBD3 排放中碳烟微粒的数量浓度随转矩的变化。三种不同转矩下，当负荷较低时，在 $10 \sim 30$ N·m 转矩区间内，虽然地沟油生物柴油的配比由 35% 增至 50%，但 WBD1、WBD2 的碳烟微粒的数量浓度差异并不显著。当配比增至 65% 后，碳烟微粒的数量浓度显著上升。三种不同转速下，30 N·m 处 WBD3 的碳烟微粒的数量浓度的数量级均达到 10^7，且与 WBD1、WBD2 的差异随着转速的升高更为凸显，当转速为 1 800 r/min 时，WBD3 的碳烟微粒的数量浓度分别为 WBD1、WBD2 的 1.65 倍、1.83 倍。

当转矩增至 50 N·m 后，三种不同转速下，WBD1 与 WBD2 之间的差异

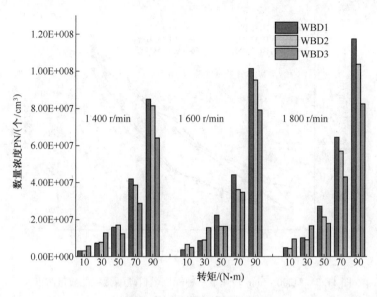

图 11.2 1 400 r/min、1 600 r/min、1 800 r/min 转速下三种配比燃料碳烟微粒的
数量浓度随转矩的变化

开始显现，这是由于地沟油生物柴油配比的加大，降低了碳烟微粒的生成速率。但由于配比依然较小，因而此时 WBD1 与 WBD2 的碳烟微粒排放量仍然较高，并随着转速的提升其数量浓度连续激增。但当配比达到 65% 时，由图 11.2 可知，同一转矩下，随着转速由 1 400 r/min 增至 1 800 r/min，WBD3 碳烟微粒排放量增加速率显著小于 WBD1、WBD2，这种优势在高转速高转矩的工况下更为显著。

▎11.1.2 碳烟微粒的质量浓度变化分析

图 11.3 所示为 1 200 r/min 转速下，随着转矩的改变，三种配比燃料碳烟微粒的质量浓度 PM 及排气温度的变化趋势。

由图 11.3 可知，在 1 200 r/min 转速下，当负荷较小时，WBD1、WBD2、WBD3 三种配比燃料碳烟微粒的质量浓度比较接近，均呈缓缓增加的趋势，这是因为质量浓度主要由较大粒径的碳烟微粒的数量浓度决定，而中小负荷时，由于排放碳烟微粒的数量均以小粒径占多数，因此质量浓度的差异较小。

当转矩持续增大时，燃烧室内温度迅速增加，混合气浓度进一步增大，WBD1 中由于含有较高比例的石化柴油而加速了碳团颗粒间的聚合、积聚、吸附现象，使得较大粒径的碳烟微粒不断生成，碳烟微粒的质量浓度的增长速率显著加快。此时，当地沟油生物柴油混合比增至 50% 后，碳烟裂解及碳

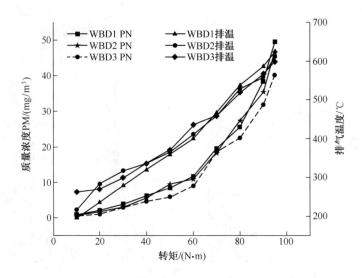

图 11.3　1 200 r/min 转速下三种配比燃料碳烟微粒的质量浓度及
排气温度随转矩的变化

团颗粒的生长、增大都得到了抑制，使得较小粒径的碳烟微粒在大负荷工况下仍能维持在较高的数量浓度，因此其整体的质量浓度相较于 WBD1 有了一定程度的减小。

　　当混合比增至 65% 后，碳烟微粒的质量浓度变化曲线开始呈现出明显的不同，从图 11.3 中可知，中高负荷时，在每一转矩下，WBD3 的曲线显著低于 WBD1。由于在三种配比燃料中，WBD3 的地沟油生物柴油混合比例最高，控制了大粒径碳烟微粒的浓度，且 WBD3 的芳香烃及硫元素含量均最低，抑制了碳烟前躯体的形成并大大降低了硫酸盐的生成量[179]，这三个方面共同减小了 WBD3 碳烟微粒的质量浓度。

　　图 11.4 所示为 1 400 r/min、1 600 r/min 和 1 800 r/min 三种不同转速下，WBD1、WBD2、WBD3 排放中碳烟微粒的质量浓度随转矩的变化。由图 11.4 可知，小负荷时，WBD2 略高于 WBD1 和 WBD3。此时，不同转速下，三种配比燃料的柱状图均呈现出小幅度的增长状态。当转矩增至 50 N·m 后，WBD1、WBD2 的柱状图均呈现出高速率增长状态，这种趋势在高转速高负荷时更加凸显。在 90 N·m 处，对于 WBD1，1 800 r/min 时的碳烟微粒的质量浓度相对于 1 400 r/min 增加了 55.21%。

　　而对于 WBD3，在 90 N·m 处，当转速从 1 400 r/min 增至 1 800 r/min，碳烟微粒的质量浓度先增大后减小，1 800 r/min 时的碳烟微粒的质量浓度反而比 1 600 r/min 时小，这是由于 WBD3 碳烟微粒的排放特性主要受地沟油生

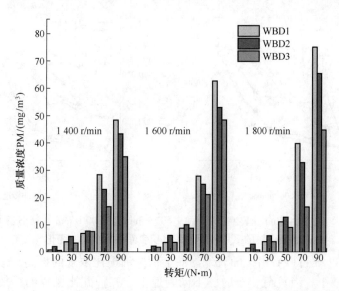

图 11.4　1 400 r/min、1 600 r/min、1 800 r/min 转速下三种配比燃料碳烟微粒的
质量浓度随转矩的变化

物柴油理化特性的影响，燃料的理化特性改善了气缸内的燃烧状况，使
WBD3 表现出与地沟油生物柴油相似的变化趋势，但是其碳烟微粒的质量浓
度仍比地沟油生物柴油稍高。

■ 11.1.3　碳烟微粒平均粒径及肺沉积表面积变化分析

图 11.5 分别描述了不同转速下，随着转矩的改变，三种配比燃料碳烟微
粒的平均粒径 diam 及肺沉积表面积 LDSA 的变化趋势。

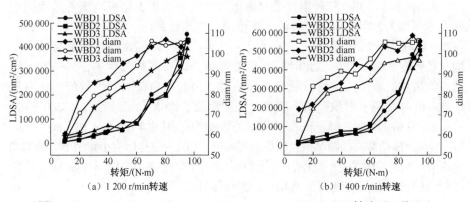

图 11.5　1 200 r/min、1 400 r/min、1 600 r/min、1 800 r/min 转速下三种配比
燃料碳烟微粒的平均粒径及肺沉积表面积随转矩的变化

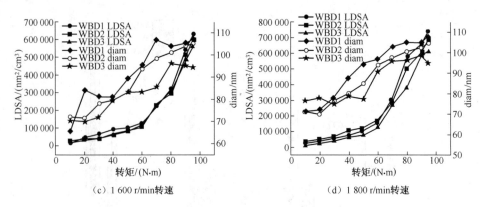

(c) 1 600 r/min转速   (d) 1 800 r/min转速

图11.5 1 200 r/min、1 400 r/min、1 600 r/min、1 800 r/min 转速下三种配比
燃料碳烟微粒的平均粒径及肺沉积表面积随转矩的变化（续）

由图11.5可以看出，随着地沟油生物柴油配比浓度的提高，碳烟微粒的平均粒径减小。当负荷较小时，不同转速下，三种配比燃料的排放的碳烟微粒均以小粒径为主，因此，在低转矩区，三者的碳烟微粒的平均粒径为55~85 nm。当负荷继续递增，燃烧温度骤增，气压显著增大，燃烧室内局部混合气过浓，由于WBD1中石化柴油的混合比例最高，碳团颗粒大量生成，小粒径的碳团颗粒不断吸附、凝并、积聚形成大粒径的碳烟微粒，使得平均粒径明显增大并迅速超过100 nm。

当配比达到50%后，WBD2燃料分子中氧的含量相对增加，碳的含量相对减小，使得碳核的生成、生长现象得以抑制[153]，碳烟微粒的平均粒径相对于WBD1有所降低。在中高负荷时，地沟油生物柴油配比的增大对于碳烟微粒的平均粒径的降低作用体现得尤为明显。70~95 N·m 转矩区间内，四种不同转速下，WBD3碳烟微粒的平均粒径均控制在100 nm以内。

由图11.5可知，三种配比燃料碳烟微粒的肺沉积表面积均随着转矩的增加而不断增大。小负荷时，增长速率稍缓，中高负荷时，增长速率显著增大。在10~40 N·m 转矩区间内，尽管配比不同，但三种配比燃料碳烟微粒的平均粒径皆在85 nm以内，此时的沉积机理都是以布朗扩散为主，另外，三者的碳烟微粒的数量浓度均较低且差异不大，因此小负荷时，燃料的配比对碳烟微粒的肺沉积表面积影响不明显。当转矩低于40 N·m，转速为1 200 r/min时，WBD3碳烟微粒的肺沉积表面积略大于WBD1，且1 400 r/min和1 800 r/min时，WBD2碳烟微粒的肺沉积表面积也稍大于WBD1，这是因为小转矩下，地沟油生物柴油配比的增大使小粒径的碳烟微粒的数量浓度迅速增加呈现小波峰，单位体积内碳烟微粒的密度高于WBD1，进而促进了沉积作用。

中高负荷时，随着地沟油生物柴油的配比浓度的提升，沉积率显著改善。由于碳烟微粒的肺沉积表面积受数量浓度和平均粒径的共同作用，对于

WBD1，由于其平均粒径较大，数量浓度偏高，沉积机理转变为布朗扩散与重力沉降共同作用，沉积率显著增大，对人体健康的损害程度大大加深。对于 WBD2，虽然其地沟油生物柴油配比高于 WBD1，但由于其石化柴油的含量仍高达 50%，因此碳烟微粒的沉积率的改善程度不及 WBD3。在 1 200 r/min，90 N·m 处，WBD2 的沉积效率甚至高于 WBD1，因为此时 WBD2 碳烟微粒的平均粒径较大，其重力沉降作用显著强于 WBD1。

对于 WBD3，由于高混合比的地沟油生物柴油有效控制了其平均粒径，因此沉积机理仍以单一的布朗扩散为主，有效抑制了沉积效率。当转矩增至 95 N·m 时，1 200 r/min、1 400 r/min、1 600 r/min、1 800 r/min 转速下 WBD3 碳烟微粒的肺沉积表面积分别为 WBD1 的 89.66%、87.95%、86.81%、82.83%，表明随着转速的增加，所占比例呈现小幅度的降低趋势，则沉积效率的抑制呈现小幅度的增加趋势，降低了对人体健康的危害。

11.2　负荷特性下主要有害气体排放浓度分析

▮ 11.2.1　一氧化碳浓度变化分析

图 11.6 所示为 1 200 r/min、1 400 r/min、1 600 r/min、1 800 r/min 四种不同转速下，三种配比燃料 CO 排放浓度随转矩的变化趋势。

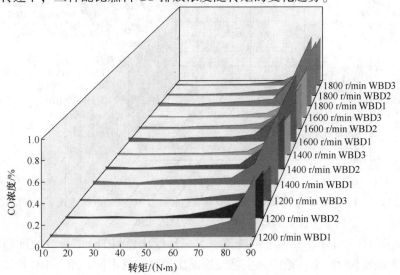

图 11.6　1 200 r/min、1 400 r/min、1 600 r/min、1 800 r/min 转速下三种配比燃料 CO 浓度随转矩的变化

由图 11.6 可知，四种不同转速下，中小负荷时，三种配比燃料 CO 排放浓度均较低，几乎趋近于零。随着转矩的不断增加，三种配比燃料 CO 的排放浓度先缓慢降低，再缓慢上升。各转速下，CO 排放浓度均随着地沟油生物柴油混合量的增大而减小[175]。

大负荷时，由于燃料骤增，燃烧室内局部混合气富油贫氧，且燃烧温度不断升高，CO_2 被还原分解的速率加快，造成各配比燃料 CO 排放量均激增，显著高于中小负荷时的排放量。此时，地沟油生物柴油的混合体现出对 CO 良好的抑制作用[175-176]，因此，负荷特性下，地沟油生物柴油 CO 排放与碳烟微粒数量浓度、质量浓度的变化趋势十分相似，都随地沟油生物柴油配比的增加而下降。

■ 11.2.2　碳氢化合物浓度变化分析

图 11.7 所示为 1 200 r/min、1 400 r/min、1 600 r/min、1 800 r/min 四种不同转速下，三种配比燃料碳氢化合物（HC）的排放浓度随转矩的变化趋势。

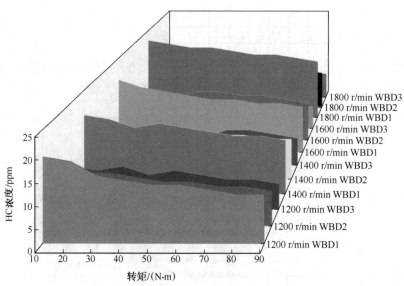

图 11.7　1 200 r/min、1 400 r/min、1 600 r/min、1 800 r/min 的转速下三种配比
燃料 HC 浓度随转矩的变化

由图 11.7 可知，四种不同转速下，三种配比燃料 HC 的排放浓度随着转矩的增加而不断减小。地沟油生物柴油配比越高，其不同转矩下 HC 排放量的降低速率越大[175]。由图 11.7 中可知，同一工况下，WBD2、WBD3 的 HC 排放浓度显著低于 WBD1。

这是由于 WBD2、WBD3 含有较高比例的地沟油生物柴油，使得配比燃料能在着火条件不佳的情形下顺利着火，并能有效调节燃烧室局域内的空燃比，降低了因未燃、局部熄火造成的 HC 的生成[121]。而 WBD1 HC 的排放特性与石化柴油更为相近，由于其 HC 排放浓度较高促使大粒径的碳烟微粒的大量生成，使其碳烟微粒的平均粒径显著高于 WBD2 和 WBD3。

■ 11.2.3　一氧化氮的浓度变化分析

图 11.8 所示为 1 200 r/min、1 400 r/min、1 600 r/min、1 800 r/min 四种不同转速下，三种配比燃料一氧化氮（NO）的排放浓度随转矩的变化趋势。

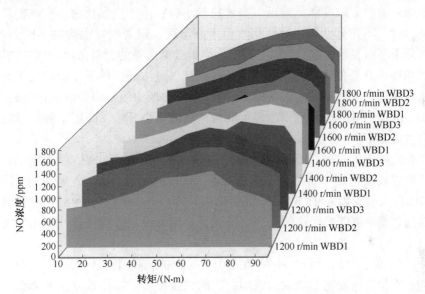

图 11.8　1 200 r/min、1 400 r/min、1 600 r/min、1 800 r/min 的转速下三种配比燃料
NO 浓度随转矩的变化

由图 11.8 可知，中小负荷时，三种配比燃料 NO 排放浓度随转矩的增加显著增大，在 60~80 N·m 转矩区间内增至峰值后，又随着转矩的继续增大而略有下降。由于 NO 的生成主要受燃烧室内的压力、温度分布、过量空气系数[172]等因素的影响，随着地沟油生物柴油配比浓度的提升，增加了配比燃料的含氧量，缩短了滞燃期，会明显增强燃烧室里的燃烧压力及燃烧温度，致使 NO 排放量随着地沟油生物柴油配比的增加而增大。因此，各工况下，WBD3 NO 排放浓度显著高于 WBD1 和 WBD2，但其碳烟微粒数量浓度及质量浓度却小于 WBD1 和 WBD2，变化趋势完全相异。

11.3 速度特性下碳烟微粒排放特性分析

▌11.3.1 碳烟微粒的数量浓度变化分析

图 11.9 所示为 20%、40%、60% 三种不同油门开度下，随着转矩的改变，三种配比燃料碳烟微粒的数量浓度 PN 的变化趋势。

从图 11.9 可以看出，不同工况下，随着地沟油生物柴油配比的增加，其碳烟微粒的数量浓度随之降低。当转速较小时，由于空燃比过小，燃料雾化不佳，燃烧不充分[161]，排气烟度值不断增大，随着燃烧温度的不断升高，燃料分子不断裂解脱氢，此时三种配比燃料碳烟微粒的数量浓度均迅速增加。而 WBD1 所含石化柴油的比例较高，在混合气过浓的条件下，会因缺氧而造成碳烟微粒大量排放。由于 WBD2、WBD3 所含地沟油生物柴油的比例较高，增加了配比燃料的含氧量，改善了缺氧富油的燃烧环境，降低了碳烟微粒的瞬时生成速率。

在 650~950 r/min 低转速区间内，地沟油生物柴油配比的增大对碳烟微粒生成量的减缓作用十分显著，三种不同油门开度下，峰值处 WBD3 相较于 WBD1 最大的减幅为 22.59%。当转速超过 950 r/min 后，三种配比燃料碳烟微粒的数量浓度随着转速的升高而降低，并随着地沟油生物柴油配比的增大而减小。

但当油门开度达到 65% 时，在 1 050~1 250 r/min 转速区间内，此时随着地沟油生物柴油配比的增大，碳烟微粒的数量浓度的减小速率反而降低，三种配比燃料排放量的高低依次为 WBD3、WBD2、WBD1。这是由于此时转速不断增大，WBD1 与空气的混合越来越均匀、充分，燃烧条件越来越优良，而 WBD2、WBD3 因掺混了较多的地沟油生物柴油，使得配比后燃料的黏度增大，燃油分子不宜破碎和混合，使得碳烟微粒的排放量仍保持在较高的数量级。

当转速进一步增大后，碳烟微粒的数量浓度又随着地沟油生物柴油混合比的增加而降低，这是因为当转速提高到一定程度后，空气流速大大提高，燃料黏度对排放的负面影响已经微乎其微，而燃料的高含氧量与高十六烷值发挥着重要的促进作用，因此 WBD1、WBD2、WBD3 对碳烟微粒的数量浓度的减排效果依次增强。

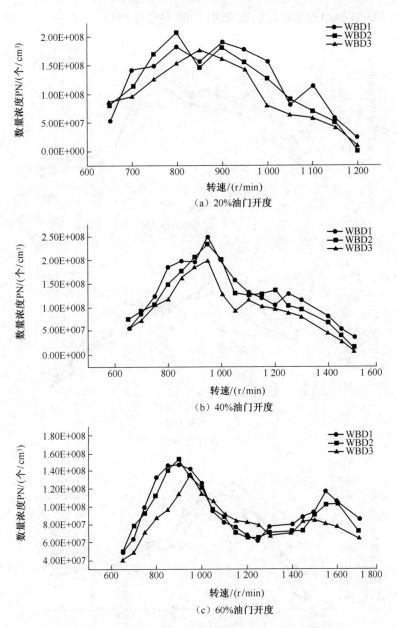

图 11.9　20%、40%、60%油门开度下三种配比燃料
碳烟微粒的数量浓度随转速的变化

■11.3.2　碳烟微粒的质量浓度变化分析

图 11.10 所示为 20%、40%、60%三种不同油门开度下，随着转矩的改

变，三种配比燃料碳烟微粒的质量浓度 PM 的变化趋势。

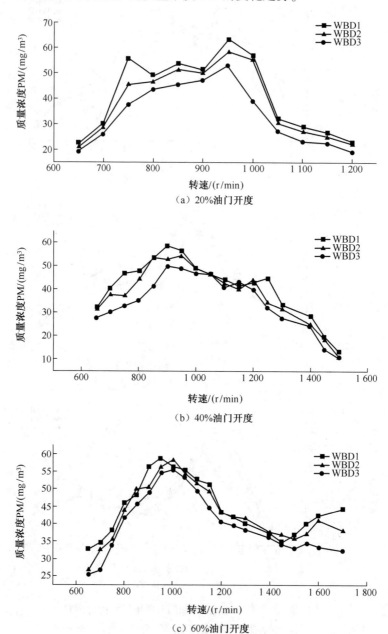

（a）20%油门开度

（b）40%油门开度

（c）60%油门开度

图 11.10　20%、40%、60%油门开度下三种配比燃料碳烟微粒的质量浓度随转速的变化

由图 11.10 可以看出，当油门开度为 20%时，不同工况下，WBD1 与 WBD2 的曲线变化趋势比较相近，但 WBD2 碳烟微粒的质量浓度仍要低于

WBD1。当地沟油生物柴油的掺混比达到 65% 时，此时排放差异变得十分明显。在三组曲线的上升阶段，WBD3 的上升趋势比较平缓，而 WBD1、WBD2 均呈现凸增的尖角；在曲线的下降阶段，WBD3 的下降趋势比较迅速，而 WBD1、WBD2 下降速率相对较低，且三组曲线各处峰值的高低依次为 WBD1、WBD2、WBD3。

碳烟微粒的质量浓度主要由大粒径碳烟微粒的数量浓度决定，当地沟油生物柴油的掺混比例达到一定值后，其配比燃料的碳烟微粒的数量浓度明显减少，单位时间内，小粒径的碳烟微粒积聚为大粒径的概率随之降低，且地沟油生物柴油芳香烃含量极低，大比例掺混后，可减小碳烟微粒前躯体的生成速率，降低以碳烟为主要组成成分的大粒径碳烟微粒的数量[182]，减缓了整体质量浓度的增长态势。

当油门开度为 40%、60% 时，三条曲线的分布比较紧凑，尤其在 1 000~1 200 r/min 转速区间内，三者的差异比较细微。此时随着转速的不断增加，三条曲线通过最高点后均呈现不断降低的趋势。由于空气流速的持续增大，调节了燃烧室内的过量空气系数，降低了因高温、缺氧而造成的大粒径碳烟微粒的生成，大粒径碳烟微粒在总粒子数中所占比例降低，因而此时 WBD1 的碳烟微粒的质量浓度不断减小。但 WBD2、WBD3 由于掺混较高比例的生物柴油，一方面其提高了配比燃料的含氧量，改善了燃烧环境[180-181]；另一方面又增加了配比燃料的黏度和密度[162]，阻碍了燃烧进程，因此三种燃料的降低速率相差不大。但全过程中，碳烟微粒的质量浓度仍随着地沟油生物柴油掺混比的增加而减小。

■ 11.3.3　碳烟微粒平均粒径及肺沉积表面积变化分析

图 11.11 所示为 20%、40%、60% 三种不同油门开度下，随着转矩的改变，三种配比燃料碳烟微粒的平均粒径 diam 及肺沉积表面积 LDSA 的变化趋势。

由图 11.11 可以看出，三种不同油门开度下，当转速较小时，配比燃料碳烟微粒的平均粒径均随着转速的增加而增大，在 800~1 000 r/min 转速区间内，发动机转速较小，混合气油气比过高，三种配比燃料的平均粒径相对于其他工况均较大，且最大值出现在此区间内。

当油门开度为 20% 时，转速超过 1 000 r/min 后，随着转速的不断增加，平均粒径虽有波动，但整体随着转速的增加而降低。而 40% 油门开度下，转速超过 1 000 r/min 后，WBD1 碳烟微粒平均粒径虽有所降低，但其值仍较高，并再次形成波峰超过 100 nm。由此可见，虽然此时转速的提高促进了燃料与

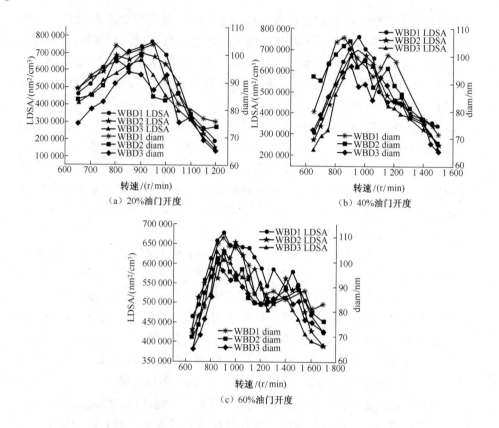

图 11.11　20%、40%、60%油门开度下三种配比燃料碳烟微粒的平均
粒径及肺沉积表面积随转速的变化

空气的混合，但因燃烧时间相对缩短，而 WBD1 掺混地沟油生物柴油的比例最低，配比燃料分子含氧量显著低于 WBD2、WBD3，其自身对燃烧环境的改善力度相对较弱，因此其碳烟微粒平均粒径明显偏高。

由图 11.11 可知，随着地沟油生物柴油混合比的增加，其碳烟微粒的肺沉积表面积减小，对人体的危害降低。在 800~1 000 r/min 转速区间内，由于三种配比燃料碳烟微粒的数量浓度与平均粒径重叠，在两种因素同强的条件下，使得碳烟微粒的沉积速率大大增加，在此转速区间的肺沉积表面积显著高于其他工况。此时，WBD1 的碳烟微粒的平均粒径维持在 100 nm 以上，布朗扩散与重力沉降两种沉积机制同时存在，沉积机制作用强度大，且数量浓度偏高，粒子密度大，因此在此区间内，其值显著高于 WBD2、WBD3。

当曲线越过峰值后，三种不同油门开度下，随着转速的继续增大，曲线均呈现降低的趋势。当油门开度为 60% 时，在 1 000~1 200 r/min 转速区间内，WBD1 的降低幅度缓慢，明显小于其他两种配比燃料。在此区间内，虽然 WBD1 碳烟微粒的平均粒径随着转速的提高而大速率降低，但其数量浓度仍然在较高的数量级，单位时间、单位空间内其碳烟微粒的发生沉积的概率仍然很高。而随着地沟油生物柴油配比的增大，其碳烟微粒的数量浓度、平均粒径都有了较大幅度的降低，这两种决定肺沉积表面积大小的因素同时得到了控制，因而在此区间内，WBD1、WBD2、WBD3 三条曲线的高低次序随着掺混比的增大而降低。

11.4　速度特性下主要有害气体排放浓度分析

■ 11.4.1　一氧化碳浓度变化分析

图 11.12 所示为 20%、40%、60% 三种不同油门开度下，三种配比燃料一氧化碳（CO）的排放浓度随转矩的变化趋势。

由图 11.12 可以看出，三种不同油门开度下，WBD1、WBD2、WBD3 的 CO 排放浓度均先伴随转速的不断增加而增大，在 900～1 050 r/min 转区间内达到最大值后，再随着转速的不断增加而减小。由于转速的增大加快了气体流速，使得燃料与空气混合得更加均匀，促进了燃料的完全燃烧[176]，因此减小了 CO 的生成。

由图 11.12 可得，三种不同油门开度下，WBD1 与 WBD2 的排放差异不大，但是 WBD2 的排放量仍要低于 WBD1。这是因为 WBD1、WBD2 掺混地沟油生物柴油的比例相对较小，因此其排放特性比较类似。当地沟油生物柴油掺混比例达到 65% 时，其对 CO 的降低力度变得十分显著。因此，各工况下，地沟油生物柴油的掺混，改善了燃烧室一定区域内混合气过浓的情况，明显降低了 CO 的排放浓度[179]，且由于其掺混量的增加，增强了配比燃料可燃混合气的氧化氛围，其 CO 排放浓度，碳烟微粒的数量浓度、质量浓度均随着配比的增加而降低。

■ 11.4.2　碳氢化合物浓度变化分析

图 11.13 所示为 20%、40%、60% 三种不同油门开度下，三种配比燃料碳氢化合物（HC）的排放浓度随转矩的变化趋势。

由图 11.13 可知，三种不同油门开度下，WBD3 HC 的排放浓度随转矩的变化幅度均较小，而 WBD1 的排放量随转矩的变化幅度均较大。由此可以看

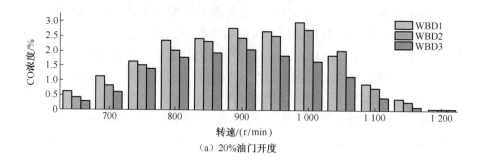

（a）20%油门开度

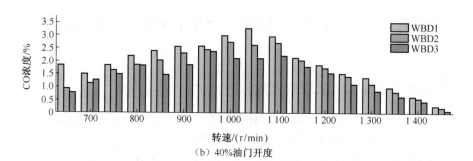

（b）40%油门开度

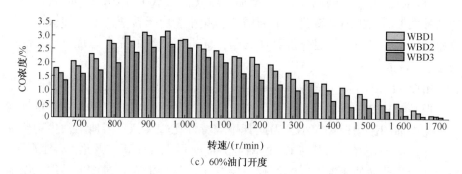

（c）60%油门开度

图 11.12　20%、40%、60%油门开度下三种配比燃料 CO 浓度随转速的变化

出，增大地沟油生物柴油混合比例，能够减弱 HC 排放量的变化幅度。当油门开度达到60%时，地沟油生物柴油掺混比例的增加对 HC 的减排性能十分凸显。因此，随着地沟油生物柴油配比的增加，HC 排放浓度减小，抑制了小粒径颗粒物的生长、积聚，碳烟微粒的质量浓度、平均粒径及肺沉积表面积也随之减小。

■ 11.4.3　一氧化氮浓度变化分析

图 11.14 所示为20%、40%、60%三种不同油门开度下，三种配比燃料一

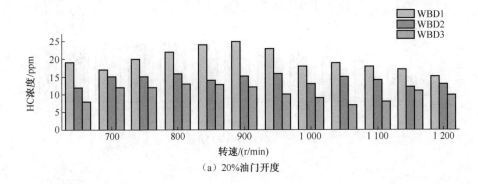

（a）20%油门开度

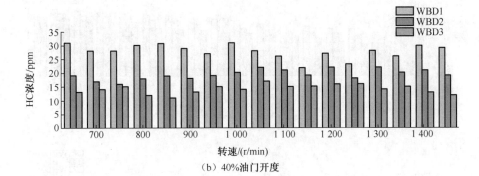

（b）40%油门开度

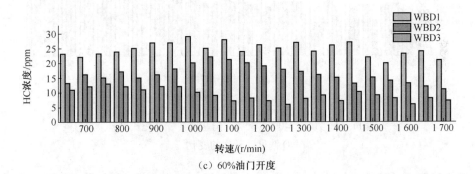

（c）60%油门开度

图 11.13 20%、40%、60%油门开度下三种配比燃料 HC 浓度随转速的变化

氧化氮（NO）的排放浓度随转矩的变化趋势。

由图 11.14 可知，随着配比燃料中地沟油生物柴油混合比的提高，NO 排放浓度随之增大，其与 CO、HC、碳烟微粒的排放特性呈现出相反的变化趋势。

不同工况下，随着转速的不断增大，三种配比燃料的 NO 排放浓度逐渐增加。中低转速时，NO 排放浓度的增长速率较快；高转速时，NO 排放浓度的

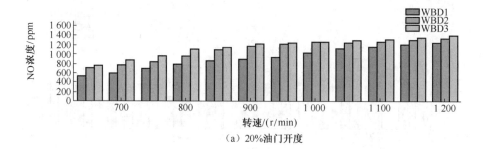

（a）20%油门开度

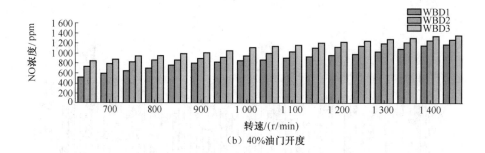

（b）40%油门开度

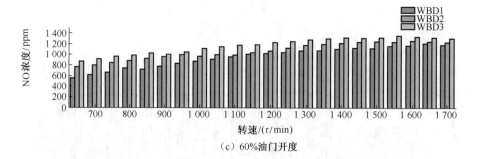

（c）60%油门开度

图 11.14　20%、40%、60%油门开度下三种配比燃料
NO 浓度随转速的变化

增长速率逐渐减弱，趋于平缓，使得中低转速时 WBD3 与 WBD1、WBD2 的排放差异要明显大于高转速时。这是因为中低转速时，可燃混合气拥有较强的氧化能力，有利于 NO 的生成，转速增大后，可燃混合气的氧化能力减弱，降低了 NO 的增加速率。当油门开度达到 60%时，在柱状图的末端，三种配比燃料 NO 排放浓度呈现出随转速的增大缓慢下降的趋势，且 WBD3 最先出现降低点。这是由于掺混后的燃料动力性减弱，当高转速高负荷时，使得发动机输出功率下降，气缸内燃烧温度降低，NO 生成速率随之减小。

11.5　本章小结

本章主要研究了不同工况下，地沟油生物柴油掺混比的变化对配比燃料排放特性的影响。首先分析了三种配比燃料排气中 CO、HC、NO 浓度的变化，再重点分析了三种配比燃料碳烟微粒的数量浓度、质量浓度、平均粒径及肺沉积表面积的异同，结论如下。

1. 负荷特性工况下

（1）不同工况下，随着地沟油生物柴油配比的增大，其与 CO、HC 排放浓度降低，而 NO 排放浓度增加。

（2）小负荷时，随着地沟油生物柴油配比的增大，其碳烟微粒的数量浓度随之增大，而质量浓度的差异不大。大负荷时，随着地沟油生物柴油配比的增加，其碳烟微粒的数量浓度、质量浓度随之降低，但 WBD1、WBD2 之间的差异较小，而 WBD3 的降低效果十分明显。

（3）随着地沟油生物柴油配比的增加，碳烟微粒的平均粒径减小。中高负荷时，掺混地沟油生物柴油，可有效改善碳烟微粒的肺沉积表面积。

2. 速度特性工况下

（1）三种不同油门开度下，WBD1 与 WBD2 的 CO 的排放差异不大，但是 WBD2 的排放量仍要低于 WBD1。增大地沟油生物柴油混合比例，不仅能够减小 HC 的排放量，还能够减弱其波动幅度。当掺混比增至 65% 后，NO 排放量明显增大，中高转速时，WBD3 略高于 WBD2。

（2）随着地沟油生物柴油配比的增加，其碳烟微粒的数量浓度、质量浓度总体随之降低，但在 1 050～1 250 r/min 转速区间内，当油门开度较大时，碳烟微粒的数量浓度的减小速率随着地沟油生物柴油掺混比的增大反而降低。此时，三种配比燃料碳烟微粒的质量浓度曲线的差异也比较细微。

（3）三种配比燃料的平均粒径和肺沉积表面积的最大值均出现在小转速区间内，随着地沟油生物柴油混合比的增大，其碳烟微粒的肺沉积表面积减小，对人体的危害降低。

第*12*章
地沟油生物柴油在压燃式内燃机中的应用研究总结

12.1　总结及创新之处

本书从缓解能源殆尽和防治空气污染的角度出发，主要研究地沟油生物柴油碳烟微粒排放的理化特性，重点分析其形成的原因和影响其变化的因素。本书研究的主要内容如下：

（1）进行宏观测量，通过搭建发动机试验台架，利用便携式颗粒物测试系统 NanoMet3 测量柴油机在不同工况下燃烧地沟油生物柴油后，碳烟微粒的数量浓度、质量浓度、平均粒径以及肺沉积表面积，在相同工况下与纯石化柴油燃烧后的碳烟微粒进行比较，通过处理试验数据，运用 Origin 软件绘图，直观地分析不同工况下，两者碳烟微粒理化特性的显著异同之处。

（2）将地沟油生物柴油与石化柴油按不同体积比混合成三种配比燃料：WBD1、WBD2、WBD3，研究不同工况下，其排气中碳烟微粒随掺混比的变化趋势。从研究结果可知，如果单纯地从控制碳烟微粒排放的角度选择，WBD3 无疑是最佳的配比燃料，其减排效果最为明显，排放特性与纯生物柴油最为相似。但由于地沟油生物柴油掺混比较高，将会引起混合燃料动力性、经济性下降，成本升高等，因此综合考量，WBD1 同时具备较好的动力性、经济性和减排性。

（3）在不同工况下，利用烟度计、排气分析仪，分别测量燃烧纯地沟油生物柴油、纯石化柴油、三种不同配比燃料后，排气烟度值以及 CO、HC、NO 排放浓度的变化。

（4）进行微观分析，运用颗粒物收集器分别收集纯地沟油生物柴油、纯石化柴油燃烧后的碳烟微粒，采用电子扫描电镜分析两者碳烟微粒松散程度、排列方式、均一程度等的不同之处，并研究随着发动机工况的改变，两种燃料碳烟微粒微观形貌的变化规律。

主要创新之处如下。

（1）试验采用宏观测量与微观观察相结合的研究方法，从工况的改变（外在因素）和燃料的变换（内在因素）同时着手，使研究内容更加全面、完善，不断深入。此外，本书将负荷特性与速度特性综合研究，使工况的变化范围更加完整，降低了试验结果的偶然性，更有利于综合分析碳烟微粒的理化特性。

（2）本书研究了与人体健康最相关的理化指标——碳烟微粒的肺沉积表面积，分析了其不同工况下的变化规律，得出了碳烟微粒的肺沉积表面积受其数量浓度和平均粒径共同影响的重要结论，揭示了随着地沟油生物柴油配比的升高，碳烟微粒的肺沉积表面积减小，对人体的危害值降低。

12.2　研究展望

为了使地沟油生物柴油碳烟微粒相关研究更加丰富、透彻，建议可以从以下方面继续进行研究：

（1）碳烟微粒中的多环芳烃会引发癌症，导致基因突变，对人体健康的危害巨大，利用色谱—质谱联用仪，分析不同工况下，多环芳烃各组成元素的含量，研究随着掺混比的改变，其多环芳烃的变化规律。

（2）在不同工况下，收集纯燃料及配比燃料的碳烟微粒，利用热重分析仪，研究碳烟微粒在不同氧气浓度、升温速率下的氧化特性、着火温度以及灰分的含量。

（3）由于地沟油的生物柴油的黏度较高，影响雾化和燃烧过程，可以在地沟油生物柴油中掺混黏度较低的燃料，测量不同工况下，其碳烟微粒理化特性的变化规律，找到一种最佳的低黏度燃料来有效降低其碳烟微粒的肺沉积表面积，同时尽可能小幅度地影响柴油机的性能。

参考文献

［1］ BASSI A M, POWERS R, SCHOENBERG W. An integrated approach to energy prospects for North America and the rest of the world［J］. Energy Economics, 2010, 32: 30-42.

［2］ CARLSSON A S. Plant oils as feedstock alternatives to petroleum-A short survey of potential oil crop platforms［J］. Biochimie, 2009, 91: 665-670.

［3］ 朱剑红. 油价上调为何幅度这么大［N］. 人民日报, 2012-03-20（10）.

［4］ KIM H, CHOI B. The effect of biodiesel and bioethanol blended diesel fuel on nanoparticles and exhaust emission from CRDI diesel engine［J］. Renewable Energy, 2010, 35: 157-163.

［5］ AGARWAL A K, RAJAMANOHARAN K. Experimental investigations of performance and emissions of karanja oil and its blends in a single cylinder agricultural diesel engine［J］. Applied Energy, 2009, 86: 106-112.

［6］ KEGL B. Influence of biodiesel on engine combustion and emission characteristics［J］. Applied Energy, 2011, 88: 1803-1812.

［7］ XUE J L, GRIFT T E, HANSEN A C. Effect of biodiesel on engine performances and emissions［J］. Renewable and Sustainable Energy Reviews, 2011, 15: 1098-1116.

［8］ 李兴虎, 韩爱民, 张博彦. 混合燃料在点燃式发动机中的研究［J］. 农业机械学报, 2001, 32（5）: 10-12.

［9］ 覃军, 刘海峰, 尧命发. 柴油机掺烧不同比例生物柴油的试验研究［J］. 燃烧科学与技术, 2007, 13（4）: 335-340.

［10］ 赖春杰, 孙万臣, 李国良, 等. 生物柴油混合燃料对车用高压共轨柴油机微粒排放粒度分布的影响［J］. 汽车工程学报, 2011, 1（2）: 53-59.

［11］ IBRAHIM A, BARI S. An experimental investigation on the use of EGR in a supercharged natural gas SI engine［J］. Fuel, 2010, 89: 1821-1730.

［12］ 张继春, 李兴虎, 杨建国, 等. 掺氢比对天然气发动机燃烧放热影响的研究［J］. 内燃机工程, 2009, 30（1）: 15-18.

［13］ 胡二江, 黄佐华, 刘兵, 等. 火花点火发动机燃用天然气/氢气混合燃料配合 EGR 的燃烧特性［J］. 内燃机学报, 2010, 20（5）: 399-406.

［14］ 姚春德, 黄钰, 李帅, 等. 甲醇不同替代率对 DMCC 排放影响的试验研究［J］. 内燃机学报, 2008, 26（2）: 134-139.

［15］ 张凡, 帅石金, 肖建华, 等. 低比例甲醇汽油燃料非常规排放特性的试验研究［J］.

内燃机工程, 2010, 31 (6): 1-7.

[16] ZHU L, CHEUNG C S, ZHANG W G, et al. Combustion, performance and emission characteristics of a DI diesel engine fueled with ethanol-biodiesel blends [J]. Fuel, 2011, 90: 1743-1750.

[17] 陈虎, 陈文森, 王建昕, 等. 柴油机燃用乙醇-甲酯-柴油时 PM 排放特性的研究 [J]. 内燃机学报, 2007, 25 (1): 47-52.

[18] 胡准庆, 张欣. 模拟沼气发动机掺氢燃烧的试验研究[J]. 内燃机学报, 2010, 28 (1): 47-52.

[19] YOON S H, CHA J P, LEE C S. An investigation of the effects of spray angle and injection strategy on dimethyl ether (DME) combustion and exhaust emission characteristics in a common-rail diesel engine [J]. Fuel Processing Technology, 2010, 91: 1364-1372.

[20] 陈征, 尧命发, 郑尊清, 等. 甲醇/二甲醚双燃料发动机全负荷范围优化策略的研究 [J]. 内燃机学报, 2008, 26 (6): 493-498.

[21] PARK C, KIM C, et al. The influences of hydrogen on the performance and emission characteristics of a heavy duty natural gas engine [J]. International Journal of Hydrogen Energy, 2011, 36: 3739-3745.

[22] 孙大伟, 刘福水, 孙柏刚, 等. 热 EGR 对氢内燃机性能及排放影响的试验研究[J]. 内燃机学报, 2009, 27 (2): 134-139.

[23] 姜大海, 宁智, 刘建华, 等. 预混合氢气/柴油发动机燃烧及排放特性[J]. 燃烧科学 与技术, 2010, 16 (2): 149-154.

[24] 李兴虎. 丙烷发动机燃烧变动研究[J]. 内燃机学报, 1999, 17 (1): 71-74.

[25] BP p. l. c.. BP Energy Outlook 2030 [EB/OL]. http://www. bp. com/sectionbodycopy. do? categoryId=7500&contentId=7068481, 2011-01.

[26] BP p. l. c.. BP Statistical Review of World Energy 2011 [EB/OL]. http://www. bp. com/ sectionbodycopy. do? categoryId=7500&contentId=7068481, 2011-06.

[27] 张翼. 我们的经济增长先要算算能源的 "家底" [N]. 光明日报, 2011-08-17 (05).

[28] 王婧. 2012 年我国原油净进口增速或放缓 [EB/OL]. http://futures. xinhua08. com/a/ 20120317/923380. shtml.

[29] 韩旭, 李振中, 冯兆兴, 等. 石油焦渣油浆燃烧特性的试验研究[J]. 工程热物理学 报, 2000, 21 (6): 774-778.

[30] 蔡崧, 杨亚军, 罗勇刚, 等. 石油焦在旋风预燃室内燃烧的试验研究[J]. 动力工程, 2002, 22 (2): 1711-1718.

[31] ANTHONY E J, IRIBAME A P, IRIBAME J V. Fouling in a utility-scale CFBC boiler firing 100% petroleum coke [J]. Fuel Processing Technology, 2007, 88: 535-547.

[32] China National Chemical Information Centre. Analysis of China's petroleum coke market [J]. China Chemical Reporter, 2010 (22): 18-21.

[33] ZHAN X L, ZHOU Z J, WANG F C. Catalytic effect of black liquor on the gasification reac-

tivity of petroleum coke [J]. Applied Energy, 2010, 87: 1710-1715.

[34] 吴君华. 增压二甲醚发动机燃烧和排放控制试验研究[D]. 上海:上海交通大学, 2007.

[35] 程传辉. 甲醇在压燃式发动机上的应用研究[D]. 天津:天津大学, 2008.

[36] KHANDARE S S, GARG R D, GAUR R R. Investigation on the use of solid fuels for diesel engine[C]. SAE Paper 872094, 1987.

[37] CATON J A, ROSEGAY K H. A review and comparison of reciprocating engine operation using solid fuels[C]. SAE Paper 831326, 1983.

[38] MARSHALL H P, WALTERS D C. An experimental Investigation of coal fueled diesel engine[C]. SAE Paper 770795, 1977.

[39] TATAIAH K, WOOD C D. Performance of coal slurry fuel in a diesel engine[C]. SAE Paper 800329, 1980.

[40] MARSHALL H P, BHAT S M, STEIGER H A, et al. Performance of diesel engine operating on raw coal-diesel fuel slurries[C]. SAE Paper 810253, 1981.

[41] RYAN Ⅲ T W, DODGE L G. Diesel engine injection and combustion of slurries of coal, charcoal, and coke in diesel fuel[C]. SAE Paper 840119, 1984.

[42] CUI L L, AN L Q, JIANG H J. A novel process for preparation of a ultra-clean superfine coal-oil slurry [J]. Fuel, 2008, 87: 2296-2303.

[43] DUNLAY J B, DAVIS J P, STEIGER H A, et al. Slow-speed two-stroke diesel engine tests using coal-based fuels[C]. ASME Paper 81-DGP-12, 1981.

[44] NYDICK S E, PORCHET F, STEIGER H A. Continued development of a coal/water slurry-fired slow speed diesel engine: A review of recent test result [J]. Journal of Engineering for Gas Turbines and Power, 1987, 109: 465-476.

[45] FLYNN P L, HSU B D. Coal fueled diesel developments[C]. SAE Paper 881159, 1988.

[46] LIKOS W E, RYAN Ⅲ T W. Experiments with coal fuels in a high temperature diesel engine [J]. Journal of Engineering for Gas Turbines and Power, 1988, 110: 444-452.

[47] LIKOS W E, RYAN Ⅲ T W. Coal fuels for diesel and gas turbine engine[C]. SAE Paper 890866, 1989.

[48] CHO Y I, CHOI U S. Experimental study of micronized coal/water slurry rheology at high shear rates [J]. Journal of Energy Resources Technology, 1990, 122: 36-40.

[49] CATON J A, KIHM K D, SESHADRI A K, et al. Micronized-coal-water slurry sprays from a diesel engine positive displacement fuel injection system[R]. Nashville, Tennessee: GE company, 1991.

[50] PRITHIVIRAJ M, ANDREWS M J. Atomization of coal water slurry sprays[C]. SAE paper 940327, 1994.

[51] CATON J A, PAYNE S E, TERRASINA D P, et al. Coal-water slurry spray characteristics of an electronically-Controlled accumulator fuel injection system[R]. Houston, Texas: GE company, 1993.

［52］ ARTHUR D Little, Inc. Coal-fueled diesel system for stationary power application-technology development［R］. Cambridge, Massachusetts: Arthur D. Little, Inc. , 1995.

［53］ HSU B D, NAJEWICZ D J, COOK C S. Coal-fueled diesel engines for locomotive application［R］. Morgantown, West Virginia: GE Transportation Systems, 1993.

［54］ TIWARI K K, BASU S K, BIT K C, et al. High-concentration coal-water slurry from indian coals using newly developed additives ［J］. Fuel Processing Technology, 2003, 85: 31-42.

［55］ CHENG J, ZHOU J H, LI Y C, et al. Effect of pore fractal structures of ultrafine coal water slurries on rheological behaviors and combustion dynamics ［J］. fuel, 2008, 87: 2620-2627.

［56］ FU X A, GUO D H, JIANG L. A low-viscosity synfuel composed of light oil, coal and water［J］. Fuel, 1996, 75 (14): 1629-1632.

［57］ 柴保明, 王祖讷, 付晓恒. 小型高速柴油机燃烧精细油水煤浆的试验研究［J］. 机械工程学报, 2005, 41 (9).

［58］ 付晓恒, 王祖讷, Novelli G, 等. 精细油水煤浆制备及其在柴油机上应用的生命周期评价［J］. 煤炭学报, 2005, 30 (4): 493-496.

［59］ 张强, 毛君, 段鹏文, 等. 柴油机燃用柴油/水煤浆混合燃料性能和排放研究［J］. 内燃机工程, 2007, 28 (3): 76-79.

［60］ 张强, 任兰柱, 田莹. 供油提前角对柴油/水煤浆混合燃料燃烧排放性能的影响［J］. 热科学与技术, 2008, 7 (1): 58-63.

［61］ KISHAN S, BELL S R, CATON J A. Numerical simulation of two-stroke cycle engines using coal fuels ［J］. Journal of Engineering for Gas Turbines and Power, 1986, 108: 661-668.

［62］ ROSEGAY K H, CATON J A. Cycle simulation of coal particle fueled reciprocating internal combustion engines［C］. SAE Paper 831299, 1983.

［63］ MCMILLIAN M H, ROBEY E H, ADDIS R E. METC research on coal-fired diesels ［R］. Morgantown, West Virginia: U. S. Department of Energy, Morgantown Energy Technology Centre, 1993.

［64］ CATON J A, PAYNE S E, TERRACINA D P, et al. Coal-water slurry sprays from an electronically controlled accumulator fuel Injection system: Brake-up distances and times ［R］. New Orleans, Louisiana: GE Company, 1993.

［65］ CATON J A, KIHM K D. Coal-water slurry atomization characteristics ［R］. Morgantown, West Virginia: GE Company, 1991.

［66］ CATON J A, SESHADRI A K, KIHM K D. Spray tip penetration and cone angles for coal-water slurry using a modified medium-speed diesel engine injection system ［R］. Ohio: The Ohio State University, 1991.

［67］ SESHADRI A K, CATON J A, KIHM K D. Coal-water slurry spray characteristics of a positive displacement fuel Injection system ［R］. Houston, Texas: GE Company, 1992.

［68］KAKWANI R M, WINSOR R E, RYAN Ⅲ T W, et al. Coal-fueled high-speed diesel engine development ［R］. Detroit,Michigan: Detroit Diesel Corporation, 1993.

［69］CATON J A, KIHM K D. Characterization of coal-water slurry fuel Ssrays from diesel engine injectors ［R］. Texas:Texas A&M University, 1993.

［70］WILSON R P, RAO A K, SMITH W C. Coal-fueled diesels for modular power generation ［R］. Kansas City,Missouri: Arthur D. Little, Inc. , 1993.

［71］ARTHUR D Little, Inc.. Coal-fueled diesel system for stationary power application-technology development ［R］. Cambridge,Massachusetts: Arthur D. Little, Inc. , 1994.

［72］BARANESCU G S. A new system for the delivery and combustion control of coal slurries in diesel engines［C］. SAE Paper 890446, 1989.

［73］HE Q. H, WANG R, WANG W W, et al. Effect of particle size distribution of petroleum coke on the properties of petroleum coke-oil slurry ［J］. Fuel, 2011, 90: 2896-2901.

［74］WANG J S, ANTHONY E J, ABANADES J C. Clean and efficient use of petroleum coke for combustion and power generation ［J］. Fuel, 2004, 83: 1341-1348.

［75］FERMOSO J, ARIAS B, GIL M V, et al. Co-gasification of different rank coals with biomass and petroleum coke in a high-pressure reactor for H_2-rich gas production ［J］. Bioresource Technology, 2010, 101: 3230-3235.

［76］CONCHESO A, SANTAMARA R, MENENDEZ R, et al. Electrochemical improvement of low-temperature petroleum coke by chemical oxidation with H_2O_2 for their use as anodes in lithium ion batteries ［J］. Electrochimica Acta, 2006, 52: 1281-1289.

［77］Z' GRAGGEN A, HAUETER P, MAAG G, et al. Hydrogen production by steam-gasification of petroleum coke using concentrated solar power-Ⅲ. Reactor experimentation with slurry feeding ［J］. International Journal of Hydrogen Energy, 2007, 32: 992-996.

［78］HOWER J C, THOMAS G A, MARDON S M, et al. Impact of co-combustion of petroleum coke and coal on fly ash quality: Case study of a western kentucky power plant ［J］. Applied Geochemistry, 2005, 20: 1309-1319.

［79］ZHAN X L, JIA J, ZHOU Z J, et al. Influence of blending methods on the co-gasification reactivity of petroleum coke and lignite ［J］. Energy Conversion and Management, 2011, 52: 1810-1814.

［80］WU Y Q, WANG J J, WU S Y, et al. Potassium-catalyzed steam gasification of petroleum coke for H_2 production: Reactivity, selectivity and gas release ［J］. Fuel Processing Technology, 2011, 92: 523-530.

［81］ZHANG H H, CHEN J F, GUO S H. Preparation of natural gas absorbents from high-sulfur petroleum coke ［J］. Fuel, 2008, 87: 304-311.

［82］PIS J J, MENENDEZ J A, PARRA J B, et al. Relation between texture and reactivity in metallurgical cokes obtained from coal using petroleum coke as additive ［J］. Fuel Processing Technology, 2002, 77-78: 199-205.

［83］SHENG G H, LI Q, ZHAI J P, et al. Self-cementitious properties of fly ashes from CFBC boilers co-firing coal and high-sulphur petroleum coke [J]. Cement and Concrete Research, 2007, 37: 871-876.

[84] GONZALEZ A, MORENO N, NAVIA R, et al. Study of a chilean petroleum coke fluidized bed combustion fly ash and its potential application in copper, lead and hexavalent chromium removal [J]. Fuel, 2010, 89: 3012-3021.

[85] JIA L F, ANTHONY E J, LAU I, et al. Study of coal and coke ignition in fluidized beds [J]. Fuel, 2006, 85: 635-642.

[86] BERGUERAND N, LYNGFELT A. The use of petroleum coke as fuel in a 10 kW$_{th}$ chemical-looping combustor [J]. International Journal of Greenhouse Gas Control, 2008, 2: 169-179.

[87] LEION H, MATTISSON T, LYNGFELT A. The use of petroleum coke as fuel in chemical-looping combustion [J]. Fuel, 2007, 86: 1947-1958.

[88] 熊源泉, 沈湘林, 郑守忠. 油焦浆、水焦浆燃烧特性的试验研究[J]. 热能动力工程, 2001, 16 (5): 494-496.

[89] 王祖云, 吴亚峰, 钟核俊. 油焦浆的制备及运输特性研究[J]. 精细石油化工文摘, 1999, 13 (4): 66-68.

[90] 王志奇, 李保庆. 油焦浆流变特性的研究[J]. 燃料化学学报, 2000, 28 (2): 147-151.

[91] 钟核俊. 油焦浆的流变特性研究[J]. 江苏石油化工学院学报, 2000, 12 (2): 57-59.

[92] 王志奇, 李保庆. 新型代油浆体燃料——油焦浆[J]. 煤炭转化, 1998, 21 (4): 37-40.

[93] 贾海龙, 杨会宾, 夏刚. 油焦浆在回转窑上的应用试验[J]. 轻金属, 2008 (7): 20-22.

[94] 高洪阁, 贺龙, 韩广东. 油焦浆的制备影响因素的研究[J]. 洁净煤技术, 2009, 15 (6): 82-84.

[95] 盖国胜. 超细粉碎分级技术——理论研究. 工艺设计. 生产应用[M]. 北京: 中国轻工业出版社, 2000.

[96] CHENG J, ZHOU J H, LI Y C, et al. Effects of pore fractal structures of ultrafine coal water slurries on rheological behaviors and combustion dynamics [J]. Fuel, 2008, 87: 2620-2627.

[97] 周龙保. 内燃机学[M]. 北京: 机械工业出版社, 2005.

[98] 李兴虎. 汽车环境污染与控制[M]. 北京: 国防工业出版社, 2011.

[99] 北京金成志科技公司. 495/01 型不透光式烟度计操作手册 [Z].

[100] 佛山分析仪有限公司. FGA-4100 汽车排气分析仪使用说明书 (V6.0) [Z].

[101] QUILLEN K, BENNETT M, VOLCKENS J, et al. Characterization of particulate matter emissions from a four-stroke, lean-burn, natural gas engine [J]. Journal of Engineering for Gas Turbines and Power, 2008, 130: 052807-1-052807-5.

[102] SPENCER M T, SHIELDS L G, SODEMAN D A, et al. Comparison of oil and fuel

particle chemical signatures with particle emissions from heavy and light duty vehicles [J]. Atmospheric Environment, 2006, 40: 5224-5235.

[103] MATHIS U, MOHR M, FORSS A M. Comprehensive particle characterization of modern gasoline and diesel passenger cars at low ambient temperatures [J]. Atmospheric Environment, 2005, 39: 107-117.

[104] BRANDENBERGER S, MOHR M, GROB K, et al. Contribution of unburned lubricating oil and diesel fuel to particulate emission from passenger cars [J]. Atmospheric Environment, 2005, 39: 6985-6994.

[105] ZHANG Z H, CHEUNG C S, CHAN T L, et al. Experimental investigation on regulated and unregulated emissions of a diesel/Methanol compound combustion engine with and without diesel oxidation catalyst [J]. Science of the Total Environment, 2010, 408: 865-872.

[106] CHENG C H, CHEUNG C S, CHAN T L, et al. experimental investigation on the performance, gaseous and particulate emissions of a methanol fumigated diesel engine [J]. Science of the Total Environment, 2008, 389: 115-124.

[107] DI Y, CHEUNG C S, HUANG Z H. Experimental study on particulate emission of a diesel engine fueled with blended enthanol-dodecanol-diesel [J]. Aerosol Science, 2009, 40: 101-112.

[108] SARVI A, ZEVENHOVEN R. Large-scale diesel engine emission control parameters [J]. Energy, 2010, 35: 1139-1145.

[109] DWIVEDI D, AGARWAK A K, SHARMA M. Particulate emission characterization of a biodiesel vs diesel-Fuelled compression ignition transport engine: A comparative study [J]. Atmospheric Environment, 2006, 40: 5586-5595.

[110] WATSON J G, CHOW J C, CHEN L W A, et al. Particulate emission factors for mobile fossil fuel and biomass combustion sources [J]. Science of the Total Environment, 2011, 409: 2384-2396.

[111] FRIDELL E, STEEN E, PETERSON K. Primary particles in ship emissions [J]. Atmospheric Environment, 2008, 42: 1160-1168.

[112] ZHU D, NUSSBAUM N J, KUHNS H D, et al. Real-world PM, NOx, CO, and ultrafine particle emission factors for military non-road Heavy duty diesel vehicles [J]. Atmospheric Environment, 2011, 45: 2603-2609.

[113] 张大同. 扫描电镜与能谱仪分析技术[M].广州:华南理工大学出版社, 2009.

[114] 郭素枝. 扫描电镜技术及其应用[M].厦门:厦门大学出版社, 2006.

[115] 刘振海, 徐国华, 张洪林. 热分析仪与量热仪及其应用[M].2版. 北京: 化学工业出版社, 2010.

[116] 刘振海, 徐国华, 张洪林. 热分析仪器[M].北京:化学工业出版社, 2006.

[117] 朱磊. 生物柴油发动机燃烧控制与排放特性试验研究[D].上海:上海交通大学, 2012.

[118] 周厚德. 毛竹木质素的提取及其液化制备生物柴油抗氧化剂的研究[D].南昌:南昌

大学，2010.

[119] 刘宇. 生物柴油燃料喷雾、燃烧及碳烟生成过程可视化研究[D]. 长春:吉林大学，2011.

[120] 黄华. 二甲醚—生物柴油混合燃料对柴油机性能与排放影响的试验研究[D]. 西宁:广西大学，2007.

[121] BALAT M. Potential alternatives to edible oils for biodiesel production——A review of current work [J]. Energy Conversion and Management, 2011, 52: 1479-1492.

[122] 张然，李智慧. 汽车代用燃料应用浅析[J]. 内蒙古科技与经济，2015 (6): 77-78.

[123] 刘晓亮. 轻型柴油车燃用纯生物柴油排放试验研究[J]. 公路与汽运，2014 (4): 23-26.

[124] DEMIRBAS A. Importance of biodiesel as transportation fuel[J]. Energy Policy, 2007, 35: 4661-4670.

[125] SHARMA Y C. Advancements in development and characterization of biodiesel: A review [J]. Fuel, 2008, 87: 2355-2373.

[126] 王健，李会鹏，赵华，等. 三代生物柴油的制备与研究进展[J]. 化学工程师，2013 (1): 38-41.

[127] 张少敏. 地沟油综合利用[D]. 包头:内蒙古科技大学，2012.

[128] 赵檀，张全国，孙生波. 生物柴油的最新研究进展[J]. 化工技术与开发，2011 (4): 22-26.

[129] 高扬. 地沟油制备生物柴油的研究[D]. 沈阳:东北大学，2008.

[130] 李俊妮. 第三代生物柴油研究进展[J]. 精细与专用化学品，2012 (1): 33-35.

[131] 亢淑娟. 地沟油生物柴油和酸化油生物柴油降黏及发动机台架试验研究[D]. 泰安:山东农业大学，2009.

[132] 洪瑶，陈文伟，林美秀，等. 地沟油生物柴油组成与燃烧排放特性研究[J]. 广东化工，2010 (10): 18-32.

[133] 崔丽. 车用生物柴油理化性能和最佳混合比的试验研究[D]. 长春:吉林大学，2011.

[134] Amin Talebian-Kiakalaieh, Nor Aishah Saidina Amin, Hossein Mazaheri. A review on novel processes of biodiesel production from waste cooking oil[J]. Applied Energy, 2013, 104: 683-710.

[135] 陈云进. 中国环境科学学会学术年会论文集[C]. 北京:中国环境科学出版社，2012: 5.

[136] 王启雯，刘梦瑶，王泽冰. 谨防地沟油危害人体健康[J]. 食品安全导刊，2016 (6): 54-55.

[137] 贾卫昌. 地沟油对人体健康的危害[J]. 科技致富向导，2014 (35): 91.

[138] 吴才武，夏建新. 地沟油的危害及其应对方法[J]. 食品工业，2014 (3): 237-240.

[139] 苏迪，徐世杰，李晓曦，等. 地沟油资源化利用的技术进展[J]. 农业机械，2013 (35): 34-36.

[140] 李丽萍，何金戈. 地沟油生物柴油在发动机上的应用现状和发展趋势[J]. 中国油

脂，2014 (8)：52-56.

[141] 邓凤梅. 地沟油制备生物柴油的探究[J]. 能源与节能，2013 (1)：70-71.

[142] 孙宏科. 燃料成分对柴油机颗粒物微观物理特性及氧化活性的影响[D]. 天津：天津大学，2014.

[143] 楼狄明，陈峰，胡志远，等. 公交车燃用生物柴油的颗粒物排放特性[J]. 环境科学，2013，34 (10)：3749-3754.

[144] 龚金科. 汽车排放及控制技术[M]. 北京：人民交通出版社，2012：19-24.

[145] AN P Z, SUN W C, LI G L. Characteristics of particle size distributions about emissions in a common-rail diesel engine with biodiesel blends[J]. Procedia Environmental Sciences, 2011, 11: 1371-1378.

[146] 张小玉. 黄连木籽生物燃料发动机颗粒生成机理研究[D]. 洛阳：河南科技大学，2012.

[147] 李铭迪. 含氧燃料颗粒状态特征及前驱体形成机理研究[D]. 镇江：江苏大学，2014.

[148] 李德立. 压燃式发动机超细颗粒排放特性的试验研究[D]. 上海：上海交通大学，2013.

[149] TAN P Q, RUAN S S, HU Z Y, et al. Particle number emissions from a light-duty diesel engine with biodiesel fuels under transient-state operating conditions [J]. Applied Energy, 2014, 113: 22-31.

[150] 邢黎明，贾继霞，张艳红. 大气可吸入颗粒物对环境和人体健康的危害[J]. 安阳工学院学报，2009，8 (4)：48-50.

[151] 董雪玲. 大气可吸入颗粒物对环境和人体健康的危害[J]. 资源·产业，2004 (5)：52-55.

[152] 陈磊. 浅谈雾霾天气对城市所形成的影响[J]. 河南科技，2016 (3)：1-2.

[153] 白海玉. 生物柴油与PM2.5[J]. 精细与专用化学品，2013 (4)：7-9.

[154] BARRIOS C C, DOMINGUEZ-SÁEZ A, MARTÍN C, et al. Effects of animal fat based biodiesel on a TDI diesel engine performance, combustion characteristics and particle number and size distribution emissions. Fuel, 2014, 117: 618-623.

[155] XUE J L. Effect of biodiesel on engine performances and emissions[J]. Renewable and Sustainable Energy Reviews, 2011, 15 : 1098-1116.

[156] GIAKOUMIS E G, RAKOPOULOS C D, DIMARATOS A M, et al. Exhaust emissions of diesel engines operating under transient conditions with biodiesel fuel blends[J]. Progress in Energy and Combustion Science, 2012, 38: 691-715.

[157] RAHMAN M M, STEVANOVICS, BROWN R J, et al. Influence of different alternative fuels on particle emission from a turbocharged common-rail diesel engine[J]. Procedia Engineering, 2013, 56: 381-386.

[158] BERMUDEZ V, LUJÁN J M, RUIZ S, et al. New European Driving Cycle assessment by means of particle size distributions in a light-duty diesel engine fuelled with different fuel formulations[J]. Fuel, 2015, 140: 649-659.

[159] ZHANG Z H, BALASUBRAMANIAN R. Effects of oxygenated fuel blends on carbonaceous particulate composition and particle size distributions from a stationary diesel engine[J]. Fuel, 2015, 141: 1-8.

[160] 王小臣, 葛蕴珊, 谭建伟, 等. 基于尺寸分布的生物柴油排气微粒形态研究[J]. 车辆与动力技术, 2009 (4): 52-57.

[161] 梅德清, 王忠, 袁银南, 等. 生物柴油发动机尾气中的颗粒物特性分析[J]. 农业工程学报, 2006 (12): 113-116.

[162] 李莉, 王建昕, 肖建华, 等. 车用柴油机燃用棕榈生物柴油的颗粒物排放特性研究[J]. 中国环境科学, 2014 (10): 2458-2465.

[163] 李丽君, 阳冬波, 刘莉, 等. 地沟油和大豆油制生物柴油对柴动机性能影响的试验研究[J]. 交通节能与环保, 2013 (6): 19-23.

[164] 谭吉华, 石晓燕, 张洁, 等. 生物柴油对柴油机排放细颗粒物及其中多环芳烃的影响[J]. 环境科学, 2009, 30 (10): 2839-2844.

[165] 于恩中, 刘进军. 柴油机颗粒排放机理及控制措施的研究[J]. 内燃机, 2009 (4): 41-43.

[166] 王超. 微粒捕集器复合再生过程微粒燃烧与多场协同机理研究[D]. 长沙:湖南大学, 2013.

[167] KUULUVAINEN H, RÖNKKÖ T, JARVINEN A, et al. Lung deposited surface area size distributions of particulate matter in different urban areas[J]. Atmospheric Environment, 2016, 136: 105-113.

[168] 谭丕强, 周舟, 胡志远, 等. 生物柴油轿车排气颗粒的理化特性[J]. 工程热物理学报, 2013 (8): 1586-1590.

[169] GENG P, ZHANG H, YANG S C. Experimental investigation on the combustion and particulate matter (PM) emissions from a port-fuel injection (PFI) gasoline engine fueled with methanol – ultralow sulfur gasoline blends[J]. Fuel, 2015, 145: 221-227.

[170] LEVIN M, WITSCHGER O, BAU S, et al. Can we trust real time measurements of lung deposited surface area concentrations in dust from powder nanomaterials. Aerosol and Air Quality Research, 2015, 6: 1-13.

[171] WIERZBICKA A, NILSSON P T, RISSLER J, et al. Detailed diesel exhaust characteristics including particle surface area and lung deposited dose for better understanding of health effects in human chamber exposure studies[J]. Atmospheric Environment, 2014, 86: 212-219.

[172] 郭西龙. 颗粒物在人体肺部沉积规律及影响因素研究[D]. 长沙:中南大学, 2013.

[173] 袁银男, 李俊, 杜家益, 等. 柴油机燃用甲醇—调合生物柴油的排放及颗粒形貌[J]. 江苏大学学报(自然科学版), 2016 (5): 512-517.

[174] LAPUERTA M, ARMAS O, FERNA/NDEZ J R. Effect of biodiesel fuels on diesel engine emissions[J]. Progress in Energy and Combustion Science, 2008, 34: 198-223.

[175] 张天顺, 张汝坤, 玄伟东, 等. 柴油机燃用桐油生物柴油的排放性能试验研究[J].

农机化研究，2011，33（2）：177-180.

[176] HOEKMAN S K, ROBBINS C. Review of the effects of biodiesel on NO_x emissions[J]. Fuel Processing Technology，2012，96：237-249.

[177] 陆克久. 供油提前角对生物柴油发动机性能影响的研究[J]. 小型内燃机与摩托车，2013，42（1）：65-69.

[178] ANDERSON M, SALO K, HALLQUIST A M, et al. Characterization of particles from a marine engine operating at low loads[J]. Atmospheric Environment，2015，101：65-71.

[179] WINTHER M, KOUSGAARD U, ELLERMANN T, et al. Emissions of NO_x, particle mass and particle numbers from aircraft main engines，APU′s and handling equipment at Copenhagen Airport[J]. Atmospheric Environment，2015，100：218-229.

[180] 张岳秋，冯玉桥，刘宪，等. 电喷高压共轨柴油机燃用生物柴油性能研究[J]. 北京汽车，2012（3）：9-12，17.

[181] 李立琳. 乙醇/生物柴油燃烧过程试验研究与理论分析[D]. 镇江：江苏大学，2013.

[182] 楼狄明，阚泽超，胡志远，等. 燃用生物柴油的柴油乘用车颗粒物排放特性[J]. 汽车技术，2014（1）：58-62.

[183] 王兆坤，赵德勇. 柴油机发动机燃用生物柴油的试验研究[J]. 科学之友，2013（6）：43-44.

附录 A

单入口传统喷油器和油焦浆喷射器头部针阀升程为 0.1 mm，入口处石油焦固体颗粒在油焦浆中的体积分数分别为 0.1、0.3、0.4 和 0.5，单入口传统喷油器和油焦浆喷射器头部固体颗粒物的体积分数分布情况如图 A.1~图 A.4 所示。

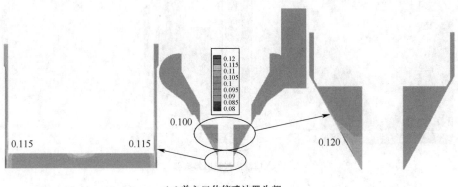

（a）单入口传统喷油器头部

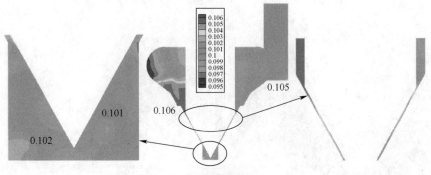

（b）单入口油焦浆喷射器头部

图 A.1　单入口传统喷油器和油焦浆喷射器头部固体颗粒物的体积分数分布
（针阀升程为 0.1 mm，入口处石油焦固体颗粒的体积分数为 0.1）

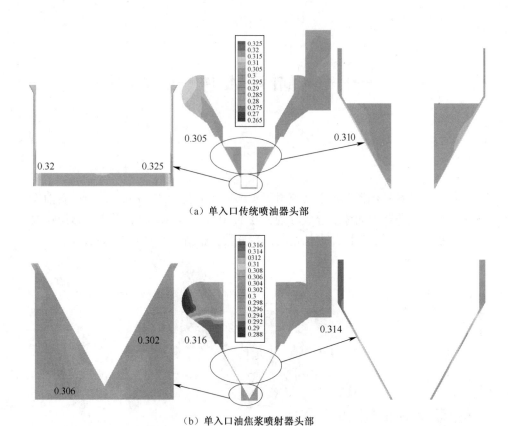

（a）单入口传统喷油器头部

（b）单入口油焦浆喷射器头部

图 A.2　单入口传统喷油器和油焦浆喷射器头部固体颗粒物的体积分数分布

（针阀升程为 0.1 mm，入口处石油焦固体颗粒的体积分数为 0.3）

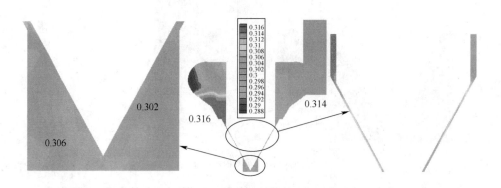

（a）单入口传统喷油器头部

图 A.3　单入口传统喷油器和油焦浆喷射器头部固体颗粒物的体积分数分布

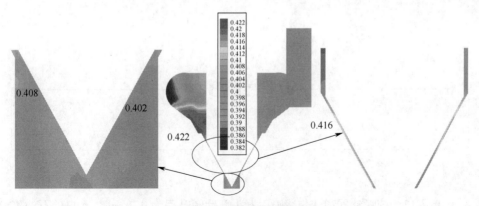

（b）单入口油焦浆喷射器头部

图 A.3 单入口传统喷油器和油焦浆喷射器头部固体颗粒物的体积分数分布

（针阀升程为 0.1 mm，入口处石油焦固体颗粒的体积分数为 0.4）

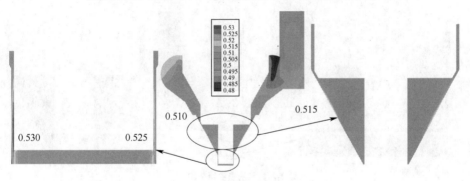

（a）单入口传统喷油器头部

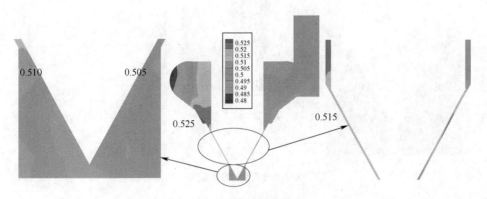

（b）单入口油焦浆喷射器头部

图 A.4 单入口传统喷油器和油焦浆喷射器头部固体颗粒物的体积分数分布

（针阀升程为 0.1 mm，入口处石油焦固体颗粒的体积分数为 0.5）

附录 B

单入口传统喷油器和油焦浆喷射器头部针阀升程为 0.2 mm，入口处石油焦固体颗粒在油焦浆中的体积分数分别为 0.1、0.3、0.4 和 0.5，单入口传统喷油器和油焦浆喷射器头部固体颗粒物的体积分数分布情况如图 B.1~图 B.4 所示。

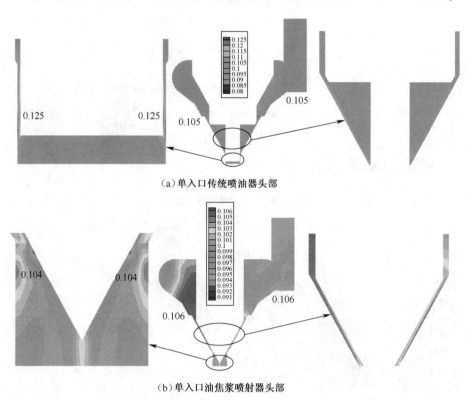

（a）单入口传统喷油器头部

（b）单入口油焦浆喷射器头部

图 B.1　单入口传统喷油器和油焦浆喷射器头部固体颗粒物的体积分数分布

（针阀升程为 0.2 mm，入口处石油焦固体颗粒的体积分数为 0.1）

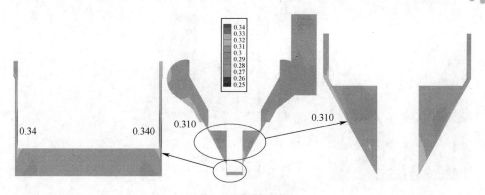

（a）单入口传统喷油器头部

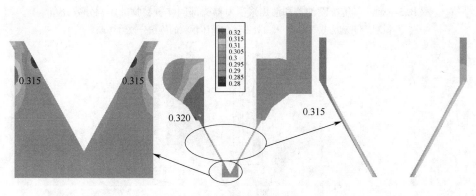

（b）单入口油焦浆喷射器头部

图 B.2   单入口传统喷油器和油焦浆喷射器头部固体颗粒物的体积分数分布
（针阀升程为 0.2 mm，入口处石油焦固体颗粒的体积分数为 0.3）

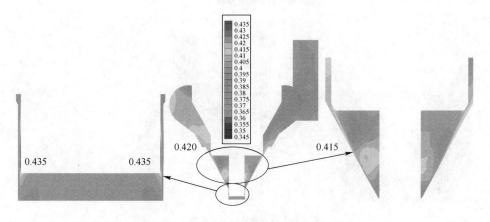

（a）单入口传统喷油器头部

图 B.3   单入口传统喷油器和油焦浆喷射器头部固体颗粒物的体积分数分布

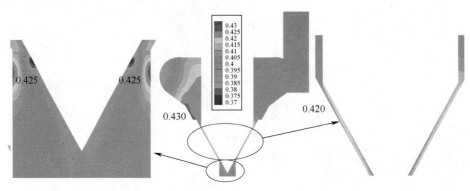

（b）单入口油焦浆喷射器头部

图 B.3　单入口传统喷油器和油焦浆喷射器头部固体颗粒物的体积分数分布

（针阀升程为 0.2 mm，入口处石油焦固体颗粒的体积分数为 0.4）

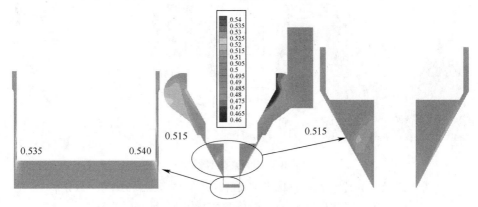

（a）单入口传统喷油器头部

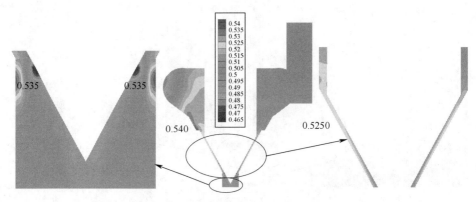

（b）单入口油焦浆喷射器头部

图 B.4　单入口传统喷油器和油焦浆喷射器头部固体颗粒物的体积分数分布

（针阀升程为 0.2 mm，入口处石油焦固体颗粒的体积分数为 0.5）

单入口传统喷油器和油焦浆喷射器头部针阀升程为 0.3 mm，入口处石油焦固体颗粒在油焦浆中的体积分数分别为 0.1、0.3、0.4 和 0.5，单入口传统喷油器和油焦浆喷射器头部固体颗粒物的体积分数分布情况如图 C.1~图 C.4 所示。

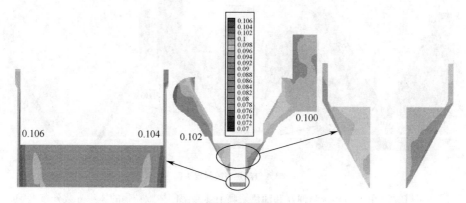

（a）单入口传统喷油器头部

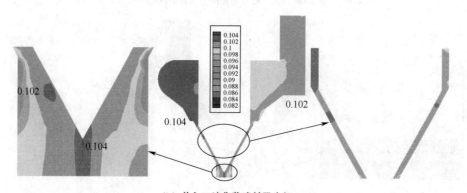

（b）单入口油焦浆喷射器头部

图 C.1　单入口传统喷油器和油焦浆喷射器头部固体颗粒物的体积分数分布
（针阀升程为 0.3 mm，入口处石油焦固体颗粒的体积分数为 0.1）

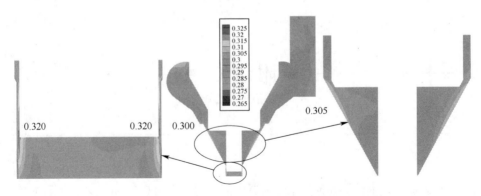

（a）单入口传统喷油器头部

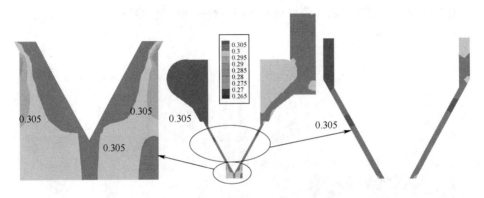

（b）单入口油焦浆喷射器头部

图 C. 2 单入口传统喷油器和油焦浆喷射器头部固体颗粒物的体积分数分布
（针阀升程为 0.3 mm，入口处石油焦固体颗粒的体积分数为 0.3）

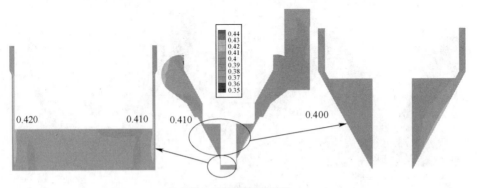

（a）单入口传统喷油器头部

图 C. 3 单入口传统喷油器和油焦浆喷射器头部固体颗粒物的体积分数分布

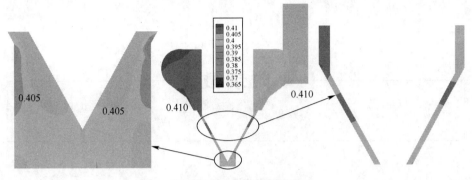

（b）单入口油焦浆喷射器头部

图 C.3　单入口传统喷油器和油焦浆喷射器头部固体颗粒物的体积分数分布
（针阀升程为 0.3 mm，入口处石油焦固体颗粒的体积分数为 0.4）

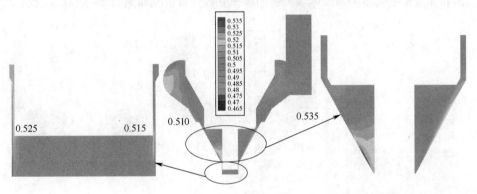

（a）单入口传统喷油器头部

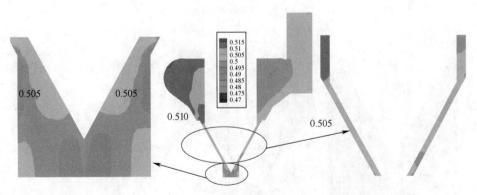

（b）单入口油焦浆喷射器头部

图 C.4　单入口传统喷油器和油焦浆喷射器头部固体颗粒物的体积分数分布
（针阀升程为 0.3 mm，入口处石油焦固体颗粒的体积分数为 0.5）

附录 D

单入口传统喷油器和油焦浆喷射器头部针阀升程为 0.4 mm，入口处石油焦固体颗粒在油焦浆中的体积分数分别为 0.1、0.3、0.4 和 0.5，单入口传统喷油器和油焦浆喷射器头部固体颗粒物的体积分数分布情况如图 D.1~图 D.4 所示。

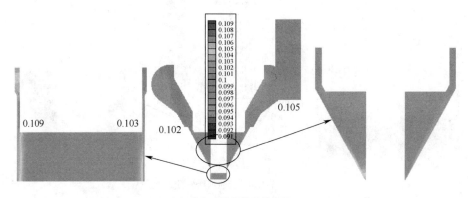

（a）单入口传统喷油器头部

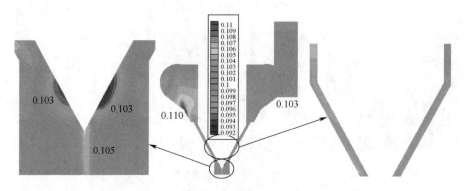

（b）单入口油焦浆喷射器头部

图 D.1　单入口传统喷油器和油焦浆喷射器头部固体颗粒物的体积分数分布

（针阀升程为 0.4 mm，入口处石油焦固体颗粒的体积分数为 0.1）

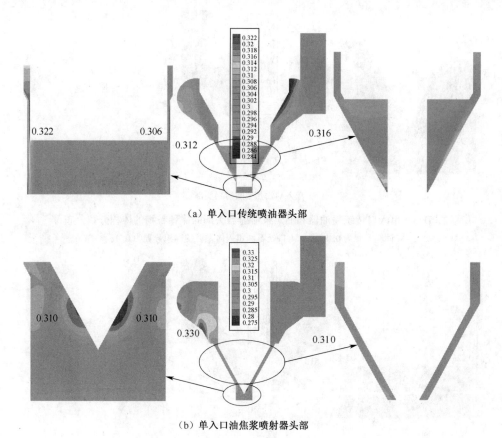

（a）单入口传统喷油器头部

（b）单入口油焦浆喷射器头部

图 D.2　单入口传统喷油器和油焦浆喷射器头部固体颗粒物的体积分数分布

（针阀升程为 0.4 mm，入口处石油焦固体颗粒的体积分数为 0.3）

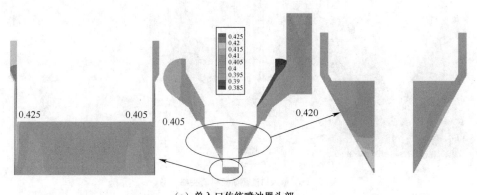

（a）单入口传统喷油器头部

图 D.3　单入口传统喷油器和油焦浆喷射器头部固体颗粒物的体积分数分布

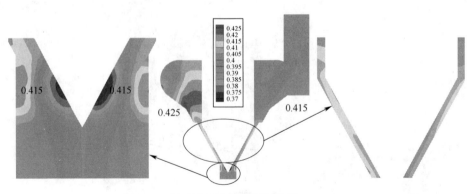

（b）单入口油焦浆喷射器头部

图 D. 3　单入口传统喷油器和油焦浆喷射器头部固体颗粒物的体积分数分布
（针阀升程为 0.4 mm，入口处石油焦固体颗粒的体积分数为 0.4）

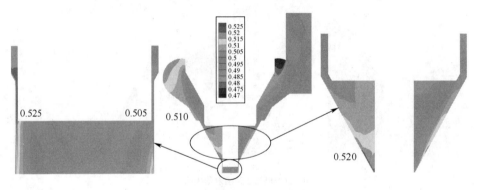

（a）单入口传统喷油器头部

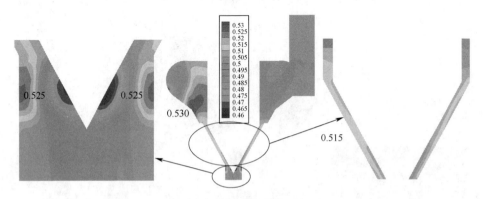

（b）单入口油焦浆喷射器头部

图 D. 4　单入口传统喷油器和油焦浆喷射器头部固体颗粒物的体积分数分布
（针阀升程为 0.4 mm，入口处石油焦固体颗粒的体积分数为 0.5）

附录 E

单入口传统喷油器和油焦浆喷射器头部针阀升程为 0.5 mm，入口处石油焦固体颗粒在油焦浆中的体积分数分别为 0.1、0.3、0.4 和 0.5，单入口传统喷油器和油焦浆喷射器头部固体颗粒物的体积分数分布情况如图 E.1~图 E.4 所示。

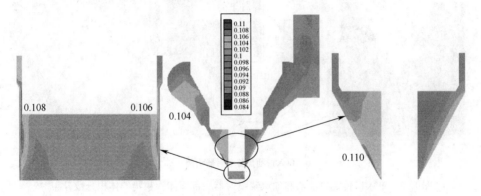

（a）单入口传统喷油器头部

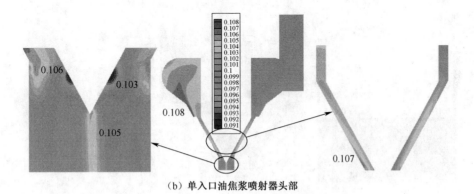

（b）单入口油焦浆喷射器头部

图 E.1　单入口传统喷油器和油焦浆喷射器头部固体颗粒物的体积分数分布
（针阀升程为 0.5 mm，入口处石油焦固体颗粒的体积分数为 0.1）

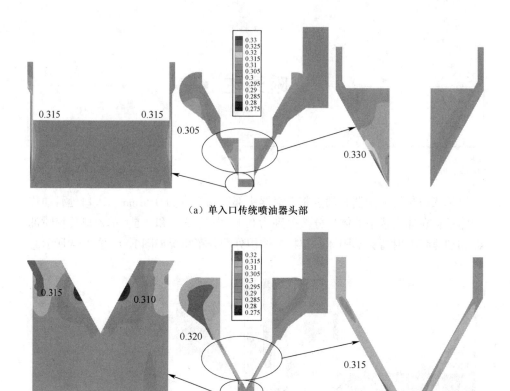

（a）单入口传统喷油器头部

（b）单入口油焦浆喷射器头部

图 E.2 单入口传统喷油器和油焦浆喷射器头部固体颗粒物的体积分数分布

（针阀升程为 0.5 mm，入口处石油焦固体颗粒的体积分数为 0.3）

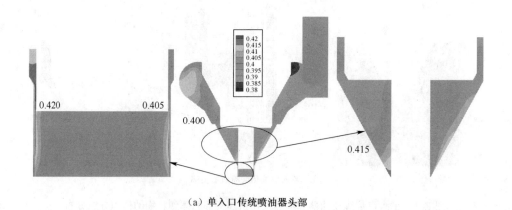

（a）单入口传统喷油器头部

图 E.3 单入口传统喷油器和油焦浆喷射器头部固体颗粒物的体积分数分布

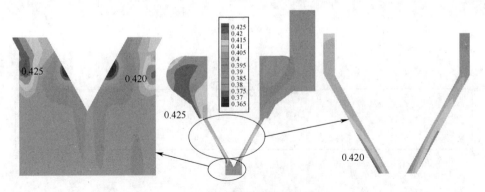

（b）单入口油焦浆喷射器头部

图 E.3 单入口传统喷油器和油焦浆喷射器头部固体颗粒物的体积分数分布
（针阀升程为 0.5 mm，入口处石油焦固体颗粒的体积分数为 0.4）

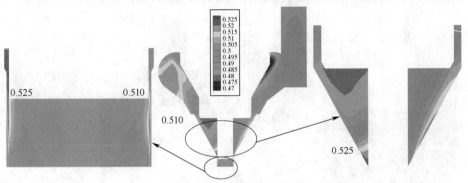

（a）单入口传统喷油器头部

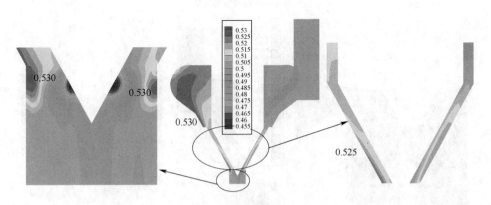

（b）单入口油焦浆喷射器头部

图 E.4 单入口传统喷油器和油焦浆喷射器头部固体颗粒物的体积分数分布
（针阀升程为 0.5 mm，入口处石油焦固体颗粒的体积分数为 0.5）

附录 F

单入口传统喷油器和油焦浆喷射器头部针阀升程为 0.6 mm，入口处石油焦固体颗粒在油焦浆中的体积分数分别为 0.1、0.3、0.4 和 0.5，单入口传统喷油器和油焦浆喷射器头部固体颗粒物的体积分数分布情况如图 F.1~图 F.4 所示。

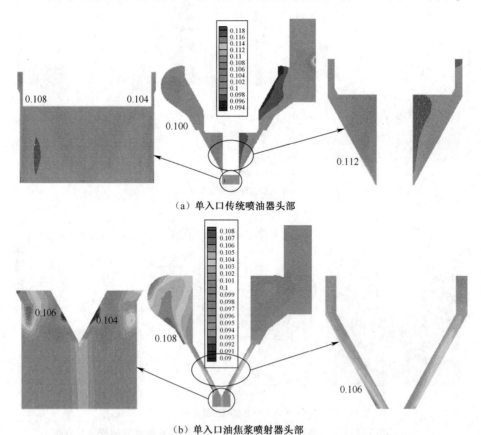

（a）单入口传统喷油器头部

（b）单入口油焦浆喷射器头部

图 F.1　单入口传统喷油器和油焦浆喷射器头部固体颗粒物的体积分数分布
（针阀升程为 0.6 mm，入口处石油焦固体颗粒的体积分数为 0.1）

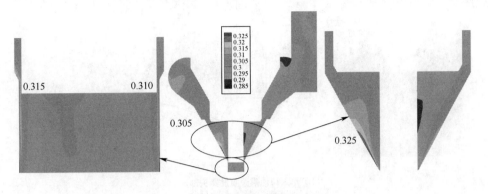

（a）单入口传统喷油器头部

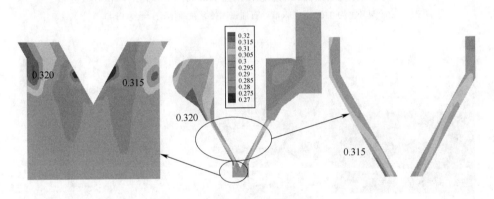

（b）单入口油焦浆喷射器头部

图 F.2　单入口传统喷油器和油焦浆喷射器头部固体颗粒物的体积分数分布

（针阀升程为 0.6 mm，入口处石油焦固体颗粒的体积分数为 0.3）

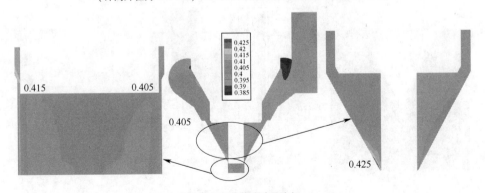

（a）单入口传统喷油器头部

图 F.3　单入口传统喷油器和油焦浆喷射器头部固体颗粒物的体积分数分布

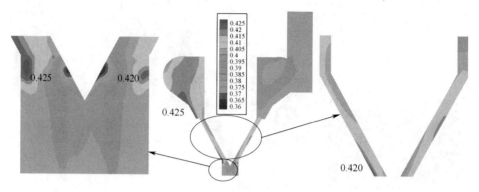

（b）单入口油焦浆喷射器头部

图 F.3　单入口传统喷油器和油焦浆喷射器头部固体颗粒物的体积分数分布

（针阀升程为 0.6 mm，入口处石油焦固体颗粒的体积分数为 0.4）

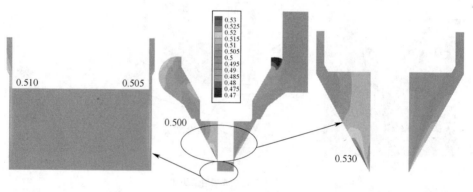

（a）单入口传统喷油器头部

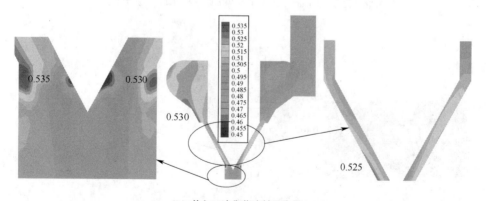

（b）单入口油焦浆喷射器头部

图 F.4　单入口传统喷油器和油焦浆喷射器头部固体颗粒物的体积分数分布

（针阀升程为 0.6 mm，入口处石油焦固体颗粒的体积分数为 0.5）

附录 G

双入口传统喷油器和油焦浆喷射器头部针阀升程为 0.1 mm，入口处石油焦固体颗粒在油焦浆中的体积分数分别为 0.1、0.3、0.4 和 0.5，双入口传统喷油器和油焦浆喷射器头部固体颗粒物的体积分数分布情况如图 G.1~图 G.4 所示。

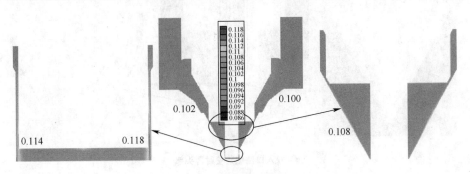

（a）双入口传统喷油器头部

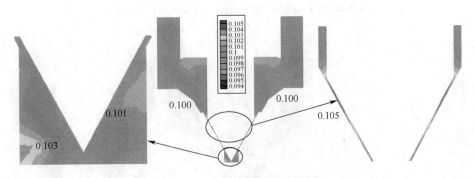

（b）双入口油焦浆喷射器头部

图 G.1 双入口传统喷油器和油焦浆喷射器头部固体颗粒物的体积分数分布
（针阀升程为 0.1 mm，入口处石油焦固体颗粒的体积分数为 0.1）

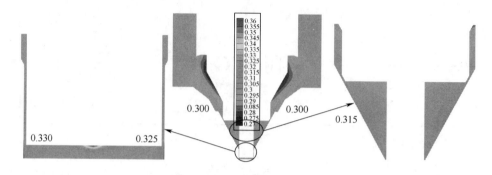

（a）双入口传统喷油器头部

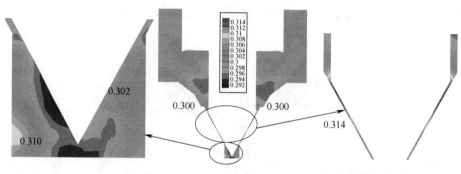

（b）双入口油焦浆喷射器头部

图 G.2　双入口传统喷油器和油焦浆喷射器头部固体颗粒物的体积分数分布

（针阀升程为 0.1 mm，入口处石油焦固体颗粒的体积分数为 0.3）

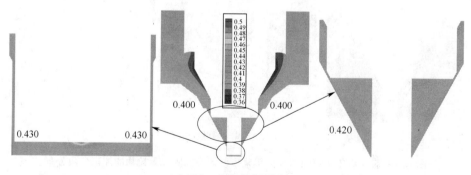

（a）双入口传统喷油器头部

图 G.3　双入口传统喷油器和油焦浆喷射器头部固体颗粒物的体积分数分布

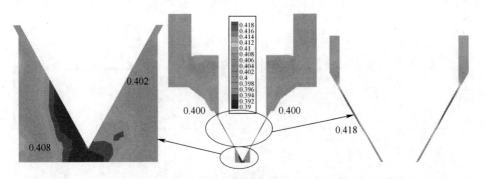

（b）双入口油焦浆喷射器头部

图 G.3　双入口传统喷油器和油焦浆喷射器头部固体颗粒物的体积分数分布
（针阀升程为 0.1 mm，入口处石油焦固体颗粒的体积分数为 0.4）

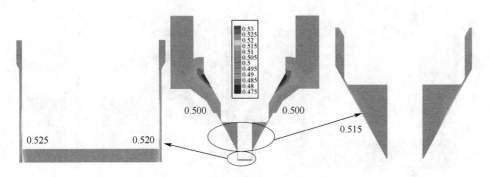

（a）双入口传统喷油器头部

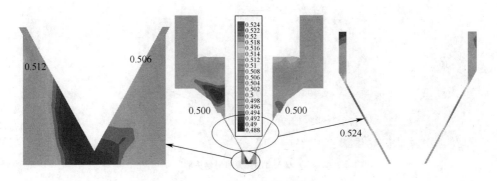

（b）双入口油焦浆喷射器头部

图 G.4　双入口传统喷油器和油焦浆喷射器头部固体颗粒物的体积分数分布
（针阀升程为 0.1 mm，入口处石油焦固体颗粒的体积分数为 0.5）

双入口传统喷油器和油焦浆喷射器头部针阀升程为 0.2 mm，入口处石油焦固体颗粒在油焦浆中的体积分数分别为 0.1、0.3、0.4 和 0.5，双入口传统喷油器和油焦浆喷射器头部固体颗粒物的体积分数分布情况如图 H.1~图 H.4 所示。

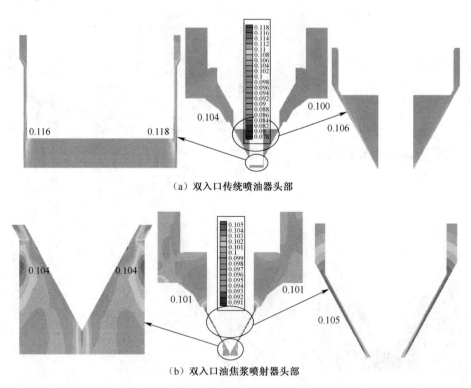

（a）双入口传统喷油器头部

（b）双入口油焦浆喷射器头部

图 H.1　双入口传统喷油器和油焦浆喷射器头部固体颗粒物的体积分数分布

（针阀升程为 0.2 mm，入口处石油焦固体颗粒的体积分数为 0.1）

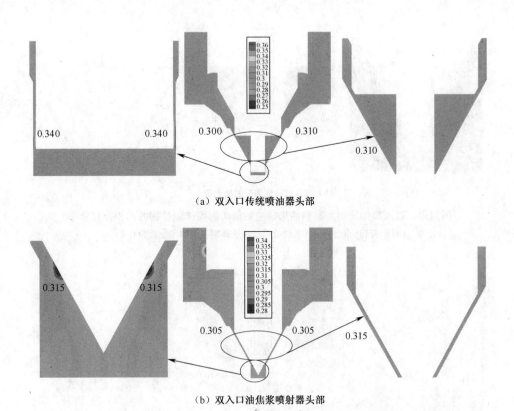

（a）双入口传统喷油器头部

（b）双入口油焦浆喷射器头部

图 H.2　双入口传统喷油器和油焦浆喷射器头部固体颗粒物的体积分数分布

（针阀升程为 0.2 mm，入口处石油焦固体颗粒的体积分数为 0.3）

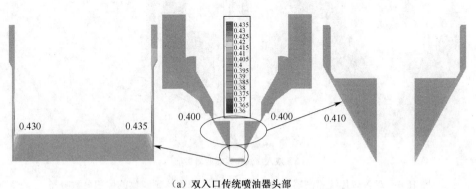

（a）双入口传统喷油器头部

图 H.3　双入口传统喷油器和油焦浆喷射器头部固体颗粒物的体积分数分布

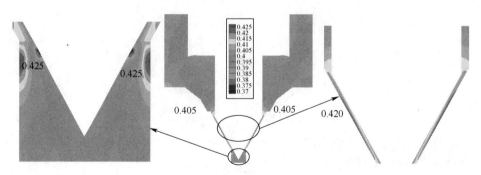

（b）双入口油焦浆喷射器头部

图 H.3　双入口传统喷油器和油焦浆喷射器头部固体颗粒物的体积分数分布
（针阀升程为 0.2 mm，入口处石油焦固体颗粒的体积分数为 0.4）

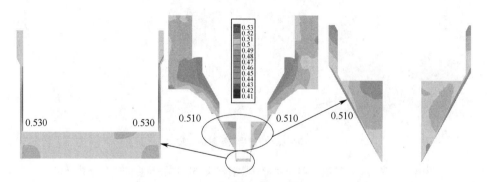

（a）双入口传梳喷油器头部

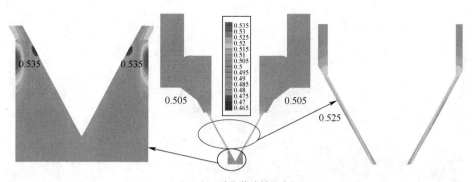

（b）双入口油焦浆喷射器头部

图 H.4　双入口传统喷油器和油焦浆喷射器头部固体颗粒物的体积分数分布
（针阀升程为 0.2 mm，入口处石油焦固体颗粒的体积分数为 0.5）

■ 附录 I ■

双入口传统喷油器和油焦浆喷射器头部针阀升程为 0.3 mm，入口处石油焦固体颗粒在油焦浆中的体积分数分别为 0.1、0.3、0.4 和 0.5，双入口传统喷油器和油焦浆喷射器中固体颗粒物的体积分数分布情况如图 I.1~图 I.4 所示。

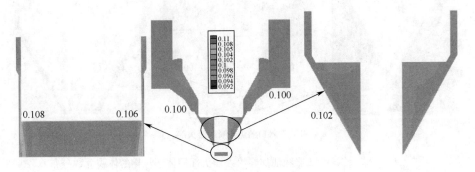

(a) 双入口传统喷油器头部

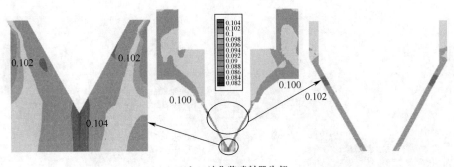

(b) 双入口油焦浆喷射器头部

图 I.1　双入口传统喷油器和油焦浆喷射器头部固体颗粒物的体积分数分布

(针阀升程为 0.3 mm，入口处石油焦固体颗粒的体积分数为 0.1)

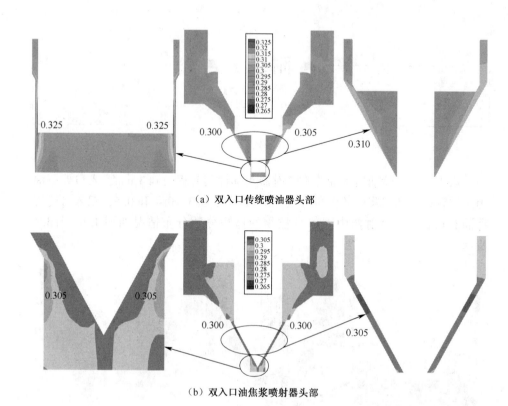

（a）双入口传统喷油器头部

（b）双入口油焦浆喷射器头部

图 I.2　双入口传统喷油器和油焦浆喷射器头部固体颗粒物的体积分数分布

（针阀升程为 0.3 mm，入口处石油焦固体颗粒的体积分数为 0.3）

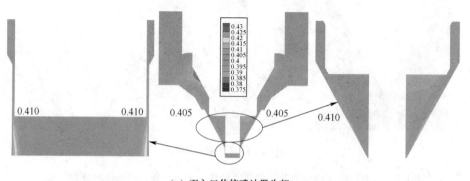

（a）双入口传统喷油器头部

图 I.3　双入口传统喷油器和油焦浆喷射器头部固体颗粒物的体积分数分布

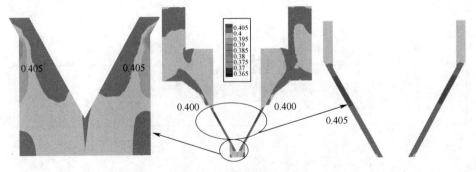

（b）双入口油焦浆喷射器头部

图 I.3　双入口传统喷油器和油焦浆喷射器头部固体颗粒物的体积分数分布

（针阀升程为 0.3 mm，入口处石油焦固体颗粒的体积分数为 0.4）

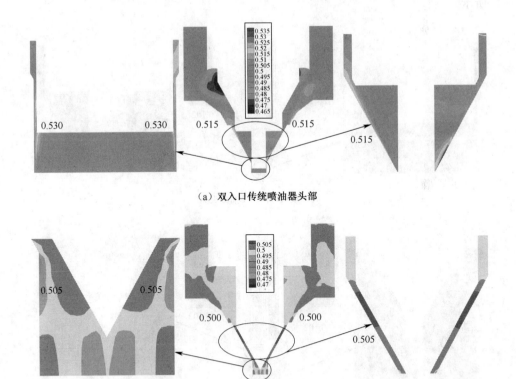

（a）双入口传统喷油器头部

（b）双入口油焦浆喷射器头部

图 I.4　双入口传统喷油器和油焦浆喷射器头部固体颗粒物的体积分数分布

（针阀升程为 0.3 mm，入口处石油焦固体颗粒的体积分数为 0.5）

附录 J

双入口传统喷油器和油焦浆喷射器头部针阀升程为 0.4 mm，入口处石油焦固体颗粒在油焦浆中的体积分数分别为 0.1、0.3、0.4 和 0.5，双入口传统喷油器和油焦浆喷射器头部固体颗粒物的体积分数分布情况如图 J.1~图 J.4 所示。

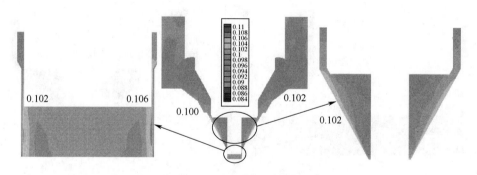

（a）双入口传统喷油器头部

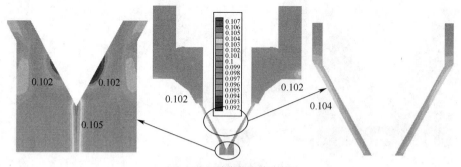

（b）双入口油焦浆喷射器头部

图 J.1　双入口传统喷油器和油焦浆喷射器头部固体颗粒物的体积分数分布
（针阀升程为 0.4 mm，入口处石油焦固体颗粒的体积分数为 0.1）

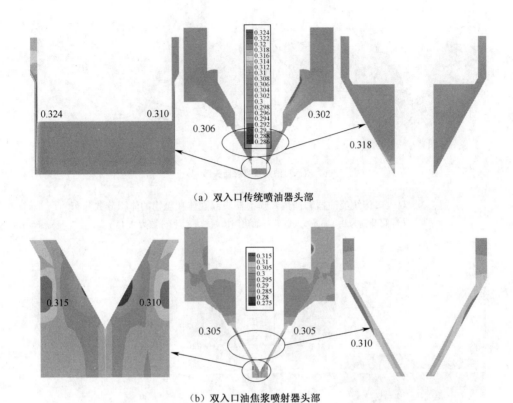

（a）双入口传统喷油器头部

（b）双入口油焦浆喷射器头部

图 J.2　双入口传统喷油器和油焦浆喷射器头部固体颗粒物的体积分数分布

（针阀升程为 0.4 mm，入口处石油焦固体颗粒的体积分数为 0.3）

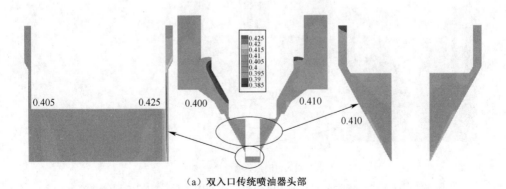

（a）双入口传统喷油器头部

图 J.3　双入口传统喷油器和油焦浆喷射器头部固体颗粒物的体积分数分布

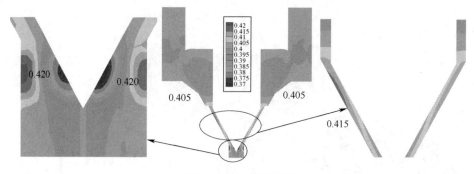

（b）双入口油焦浆喷射器头部

图 J.3　双入口传统喷油器和油焦浆喷射器头部固体颗粒物的体积分数分布
（针阀升程为 0.4 mm，入口处石油焦固体颗粒的体积分数为 0.4）

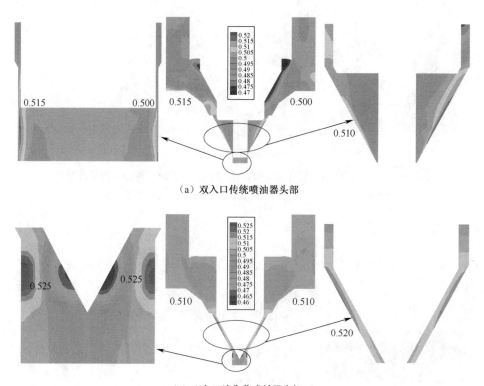

（a）双入口传统喷油器头部

（b）双入口油焦浆喷射器头部

图 J.4　双入口传统喷油器和油焦浆喷射器头部固体颗粒物的体积分数分布
（针阀升程为 0.4 mm，入口处石油焦固体颗粒的体积分数为 0.5）

附录 K

双入口传统喷油器和油焦浆喷射器头部针阀升程为 0.5 mm，入口处石油焦固体颗粒在油焦浆中的体积分数分别为 0.1、0.3、0.4 和 0.5，双入口传统喷油器和油焦浆喷射器中固体颗粒物的体积分数分布情况如图 K.1~图 K.4 所示。

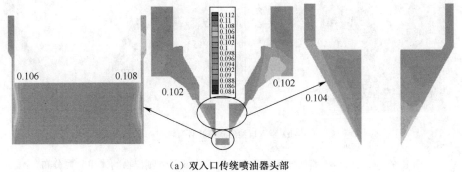

（a）双入口传统喷油器头部

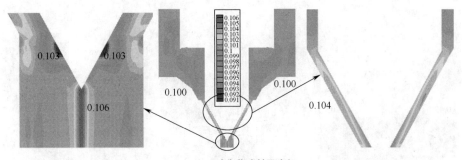

（b）双入口油焦浆喷射器头部

图 K.1　双入口传统喷油器和油焦浆喷射器头部固体颗粒物的体积分数分布
（针阀升程为 0.5 mm，入口处石油焦固体颗粒的体积分数为 0.1）

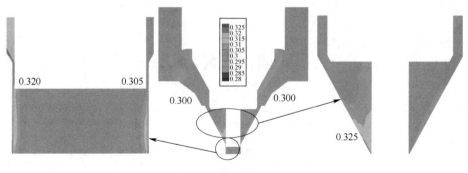

（a）双入口传统喷油器头部

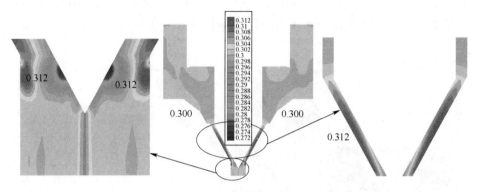

（b）双入口油焦浆喷射器头部

图 K.2　双入口传统喷油器和油焦浆喷射器头部固体颗粒物的体积分数分布
（针阀升程为 0.5 mm，入口处石油焦固体颗粒的体积分数为 0.3）

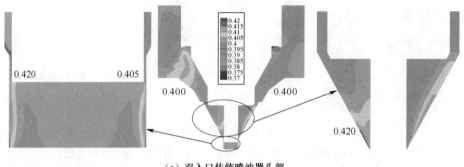

（a）双入口传统喷油器头部

图 K.3　双入口传统喷油器和油焦浆喷射器头部固体颗粒物的体积分数分布

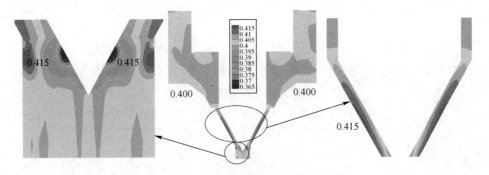

（b）双入口油焦浆喷射器头部

图 K.3 双入口传统喷油器和油焦浆喷射器头部固体颗粒物的体积分数分布

（针阀升程为 0.5 mm，入口处石油焦固体颗粒的体积分数为 0.4）

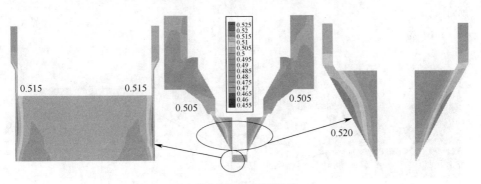

（a）双入口传统喷油器头部

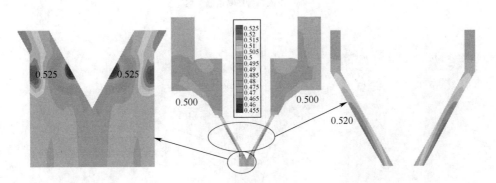

（b）双入口油焦浆喷射器头部

图 K.4 双入口传统喷油器和油焦浆喷射器头部固体颗粒物的体积分数分布

（针阀升程为 0.5 mm，入口处石油焦固体颗粒的体积分数为 0.5）

双入口传统喷油器和油焦浆喷射器头部针阀升程为 0.6 mm，入口处石油焦固体颗粒在油焦浆中的体积分数分别为 0.1、0.3、0.4 和 0.5，双入口传统喷油器和油焦浆喷射器头部固体颗粒物的体积分数分布情况如图 L.1~图 L.4所示。

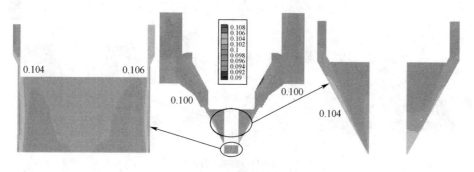

（a）双入口传统喷油器头部

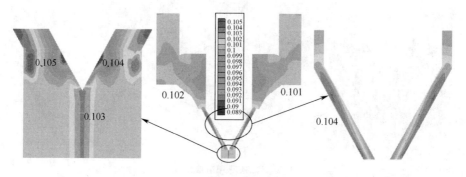

（b）双入口油焦浆喷射器头部

图 L.1　双入口传统喷油器和油焦浆喷射器头部固体颗粒物的体积分数分布
（针阀升程为 0.6 mm，入口处石油焦固体颗粒的体积分数为 0.1）

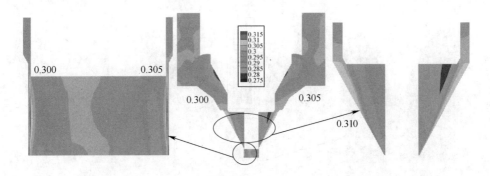

（a）双入口传统喷油器头部

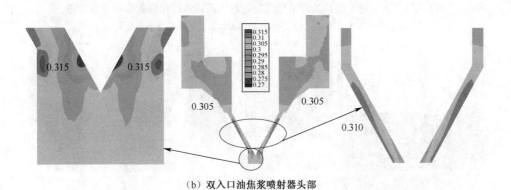

（b）双入口油焦浆喷射器头部

图 L.2　双入口传统喷油器和油焦浆喷射器头部固体颗粒物的体积分数分布
（针阀升程为 0.6 mm，入口处石油焦固体颗粒的体积分数为 0.3）

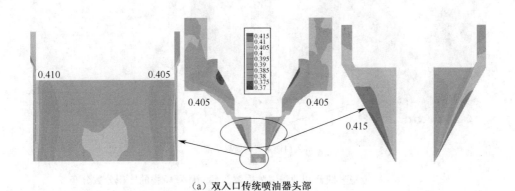

（a）双入口传统喷油器头部

图 L.3　双入口传统喷油器和油焦浆喷射器头部固体颗粒物的体积分数分布

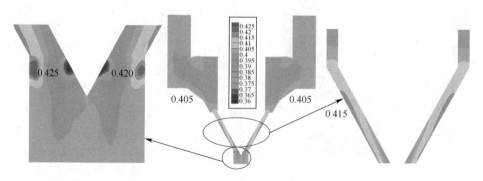

（b）双入口油焦浆喷射器头部

图 L.3　双入口传统喷油器和油焦浆喷射器头部固体颗粒物的体积分数分布
（针阀升程为 0.6 mm，入口处石油焦固体颗粒的体积分数为 0.4）

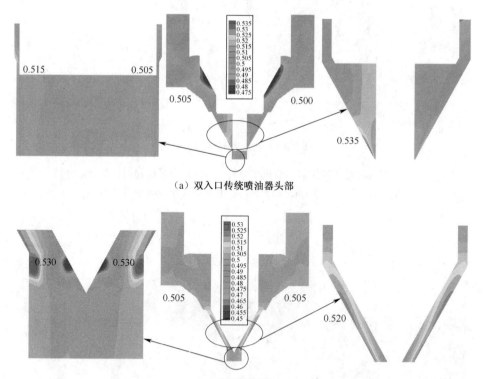

（a）双入口传统喷油器头部

（b）双入口油焦浆喷射器头部

图 L.4　双入口传统喷油器和油焦浆喷射器头部固体颗粒物的体积分数分布
（针阀升程为 0.6 mm，入口处石油焦固体颗粒的体积分数为 0.5）